数据驱动的
飞机复杂薄壁结构装配偏差分析与装配公差优化设计

朱永国　石　强　程世明　著

航空工业出版社

北　京

内 容 提 要

本书以飞机薄壁结构装配为研究对象，从数据驱动这一全新视角对装配粗差识别、装配偏差源诊断、装配偏差预测、装配质量综合反演及装配公差优化设计等方面进行深入和系统的阐述。本书共6章，主要介绍飞机装配偏差分析与装配公差优化设计的国内外研究现状、数据驱动的飞机复杂薄壁结构装配粗差识别方法、数据驱动的飞机结构件关键偏差源诊断方法、数据驱动的飞机复杂薄壁结构装配偏差传递计算与分析方法、数据驱动的装配偏差协同预测方法、飞机结构件装配质量综合反演策略与装配公差优化设计方法等。

本书的适用对象为航空航天科学与技术学科的老师和学生、飞机装配质量相关科研人员、飞机制造厂技术人员。

图书在版编目（CIP）数据

数据驱动的飞机复杂薄壁结构装配偏差分析与装配公差优化设计／朱永国，石强，程世明著．--北京：航空工业出版社，2024.3

ISBN 978-7-5165-3696-4

Ⅰ.①数… Ⅱ.①朱… ②石… ③程… Ⅲ.①飞机-金属结构-薄壁结构-装配（机械） Ⅳ.①V262.4

中国国家版本馆CIP数据核字(2024)第057075号

数据驱动的飞机复杂薄壁结构装配偏差分析与装配公差优化设计
Shuju Qudong de Feiji Fuza Baobi Jiegou Zhuangpei Piancha
Fenxi yu Zhuangpei Gongcha Youhua Sheji

航空工业出版社出版发行
（北京市朝阳区京顺路5号曙光大厦C座四层 100028）
发行部电话：010-85672675 010-85672678

北京建宏印刷有限公司印刷 全国各地新华书店经售
2024年3月第1版 2024年3月第1次印刷
开本：787×1092 1/16 字数：230千字
印张：9 定价：36.00元

前　　言

飞机是一种零件数量众多、装配协调关系复杂、装配准确度要求高、质量控制严格的典型复杂结构产品。零件制造误差、工装定位误差、薄壁件变形回弹、铆接干涉等众多偏差源会导致飞机装配经常出现超差现象。准确地识别出飞机装配关键偏差源，并对其进行有效控制一直是飞机制造企业在尺寸精度提升过程中面临的难题。为此，空中客车、波音等先进飞机制造公司提出了偏差管理的概念，并将其视为产品质量控制的关键，贯穿于飞机的整个生产装配过程。

近年来，激光跟踪仪、局域 GPS、工业相机、三维扫描仪等数字化测量设备逐步应用于飞机装配，利用这些数字化测量设备可测得装配尺寸数据。充分利用和挖掘这些数据中所包含的信息，对于揭示装配偏差的传递机理、减少装配过程中的异常波动、保证飞机产品装配质量具有非常重要的意义。鉴于此，本书以飞机薄壁结构装配为研究对象，从数据驱动角度出发，对装配粗差识别、装配偏差源诊断、装配偏差预测、装配质量综合反演及装配公差优化设计等方面进行深入和系统的阐述。这本书主要内容如下：

第 1 章主要介绍了飞机装配偏差分析与装配公差优化设计的国内外研究现状；

第 2 章主要阐明了数据驱动的飞机复杂薄壁结构装配粗差识别的理论和方法；

第 3 章主要阐明了数据驱动的飞机结构件关键偏差源诊断的理论和方法；

第 4 章主要阐明了数据驱动的飞机复杂薄壁结构关键偏差源诊断的理论和方法；

第 5 章主要阐明了数据驱动的装配偏差协同预测的理论和方法；

第 6 章主要阐明了飞机结构件装配质量综合反演策略与装配公差优化设计的理论和方法。

本书的主要内容来源于朱永国、石强、程世明等发表的学术论文和申请的发明专利。本书由朱永国提出总体写作方案并组织撰写，第 1 章由朱永国和石强执笔，第 2 章、第 3 章、第 4 章由朱永国、程世明、邓斌和霍正书执笔，第 5 章由朱永国、邓斌和程世明执笔，第 6 章由石强和朱永国执笔。程世明为本书案例研究提供了详细的方案和技术指导。本书的创作得到了作者所在单位的同事和所指导研究生的帮助，为本书内容作出直接贡献的人员是杨鑫、万远等；同时，向未提及名字但在本书撰写过程中给予帮助和支持的其他单位和个人表示感谢。

特别感谢国家自然科学基金委员会和航空科学基金委员会的大力支持，没有国家自然科学基金项目（编号：51865037）、航空科学基金项目（编号：2019ZE056004）等项目的资助，本书所研究的成果将难以取得。此外，本书还得到了“南昌航空大学学术专著出版资助基金”和南昌市科技重大项目“飞机大部件可视化自动精准对接装配系统研制”的资助。

作为研究成果，书中难免存在内容不完善、表述不妥当，或见解有偏颇的地方，衷心希望各位专家和广大读者给予批评和指正。

目　　录

第1章 绪　论

航空器材制造是一个国家创新能力、经济实力和综合国力的重要体现，因此，大力发展航空工业对实现中华民族伟大复兴具有深远的战略意义。一架飞机在成功交付之前需要经过图样设计、毛坯件制造、零件加工、部件装配、整机装配和试验性飞行5个流程，其中部件装配与整机装配是最重要的两个流程。根据飞机装配过程中尺寸之间的协调原则，以飞机零部件的设计规范和技术要求为依据，将飞机的零件和部件进行指定的组合或装配从而得到飞机部件或整机的过程称为飞机的装配。机械制造业通常是劳动密集型的产业，在常规的机械制造领域中，完成装配所需要的劳动量大约占整个生产过程的1/5。由于飞机的制造需要保证其外形、尺寸和系统有更加精确的定位，需要借助大量的外部工艺装备，且这些工艺装备往往具有尺寸大、操作难度高和操作流程复杂等特点，因此，飞机装配的工艺流程也更加复杂，影响飞机装配质量的偏差源也更多，飞机装配所需要的劳动量也更高，一般是普通机械制造业的2倍以上。飞机装配的劳动量在整个飞机制造过程中所占的高额比重，使得飞机装配的质量成为影响飞机制造合格率的关键因素，同时也奠定了其在保障飞机质量、降低制造成本和缩小交付周期等环节中的决定性地位。

飞机是一种零件数量众多、装配协调关系复杂、装配准确度要求高、质量控制严格的典型复杂结构产品。零件制造误差、工装定位误差、薄壁件变形回弹、铆接干涉等众多偏差源会导致飞机装配经常出现超差现象。准确地识别出飞机装配关键偏差源，并对其进行有效控制一直是飞机制造企业在尺寸精度提升过程中面临的难题。为此，空中客车、波音等先进飞机制造公司提出了偏差管理的概念，并将其视为产品质量控制的关键，贯穿于飞机的整个生产装配过程。目前，大型客机、高级教练机、支线客机等重点新型号飞机正处在由小批量生产向大批量生产过渡的关键阶段，涌现了较多亟待解决的装配超差难点问题，严重影响了飞机批产进程。例如，在某一型号飞机研制过程中，发现机翼相对于机身的装配准确度偏差很大；在另一重点型号飞机研制过程中，发现机身部段之间对接装配间隙和阶差均出现超差现象。

当前，针对装配偏差的研究主要集中在传递机制领域，如基于刚性假设的装配偏差传递、考虑柔性的装配偏差传递、多工位间偏差流传递等。以上几种装配偏差传递模型仅考虑了夹具误差、零件制造误差、铆接干涉等有限的误差因素，没有顾及偏差源与装配偏差之间呈现出的非线性、多层级、强耦合传递关系；飞机装配偏差存在较大的不确定度，以现有工程经验和数值分析水平，几乎不能构建基于装配尺寸链方程的装配件偏差显式计算表达式并对其进行解算。虽然，3DCS等三维尺寸公差分析商用软件可直接用于零件装配偏差分析，具有高的准确度，但由于其仿真建模复杂、参数设置繁琐、软件使用复杂，操作人员还需熟练掌握装配特征的明确含义和几何公差规范，才能理解、运用各种统计分析工具和分布函数，因此装配偏差仿真周期长、偏差分析效率低。

近年来，随着激光跟踪仪、局域 GPS、工业相机、三维扫描仪等数字化测量设备的快速发展，在飞机研制过程中引入数字化测量设备已经成为国内外飞机制造公司的共识。利用数字化测量设备可测得装配尺寸数据，充分利用和挖掘这些数据中所包含的信息，对于揭示装配偏差的传递机理、减少装配过程异常波动、保证飞机产品装配质量具有非常重要的意义。飞机生产批量小等因素导致无法获取装配过程中各类偏差输入、传递与输出的大量完备检测数据，装配偏差检测数据呈现出样本小、高维、信息不完备等特点，难以用传统的统计方法对检测数据进行建模和分析。

鉴于以上分析，本书将测量信息论、不确定性推理和综合反演等方法引入装配偏差分析及其质量控制中，对小样本数据驱动的飞机复杂薄壁结构关键偏差源诊断、偏差累积与分解、偏差波动区间预测和装配质量控制等进行系统研究。本书实施基于数据驱动的复杂结构产品装配公差优化设计，补充和完善主要依靠制造经验的传统飞机制造质量控制方法。

1.1 装配粗差识别与关键偏差源诊断

(1) 装配粗差识别

检测数据计算分析的首要任务是识别出装配粗差数据，并将其剔除，以保证测量信息的真实可靠。目前，经典粗差识别方法主要基于统计判别法，利用数理统计方法对数据进行粗差识别，如数据探测法、抗差估计法、随机抽样一致算法、格拉布斯准则等。经典粗差检测方法多应用于控制点的粗差检测。数据探测法利用观测值函数的统计量对粗差进行探测，但是真实误差存在不确定性，可能导致误检或漏检的情况。经典的抗差估计法通常依据统计量的临界值进行粗差识别，但是临界值一般根据经验进行设定，导致抗差估计法在抗差性和合理性上存在风险。随机抽样一致算法利用观测数据迭代预估最优模型参数，迭代次数多、时间长，适用于低维数据检测。格拉布斯准则通过统计量与临界值的比值大小判别粗差，适用于小样本数据检测，但临界值的选择存在主观性。A. S. BRETAS 等提出了一种加权最小二乘状态估计的多测量粗差检测方法，解决了三相配电系统的粗差判定问题，但飞机复杂薄壁结构装配易受外界因素影响，易出现识别精度不高等问题。

粗差的存在会对飞机复杂薄壁结构装配造成较大的影响，而传统的粗差判定方法存在操作繁琐、应用数据类型有限等缺陷，明显不适用于飞机小批量研制。聚类分析法可以量化个体或对象之间的关联程度，且对样本数量没有要求，适用于小样本数据分析处理。

(2) 关键偏差源诊断

零件制造误差、工装定位误差、薄壁件变形回弹、铆接干涉等众多偏差源累积耦合经常导致飞机装配出现超差现象。对于飞机装配中众多的偏差源，如果不经过筛选就直接用于偏差分析和质量控制，将不能抓住飞机装配质量控制的关键要素。准确地识别出影响飞机装配质量的关键偏差源，并对其进行有效控制一直是飞机制造企业在尺寸精度提升过程中面临的难题。航空、航天等小批量复杂结构产品的研制需求推动了数字化测量设备在数

字化协调、关键零件质量控制等诸多领域的应用，测量辅助装配技术已成为保证装配质量的关键技术之一。NIROSH J. 等研究了基于实测数据进行精确装配的基本原理与路线，实现了定位孔的配合协调分析。WANG H. 等利用飞机零部件的装配偏差数据，诊断出影响飞机水平安定面结构装配质量的偏差因素。CHENG H. 等为计算出铆接点最终装配偏差，采用一种将飞机壁板铆接点的实测偏差数据和传统的偏差分析相结合的计算方法。LIU G. 等以零件搭接配合点为研究对象，利用有限元方法计算分析配合点的最终偏差，从而提前发现不合理的装配设计。SAUNDER P. 建议将所有测量数据集成到产品全生命周期管理系统中。陈哲涵等在分析飞机装配中关键测量特性间的几何数据关系的基础上，揭示了关键测量特性与部件关键装配关系之间的关联。罗振伟和梅中义通过对装配件外形检测，根据实测数据进行预装配，以提前发现干涉问题。胡敏和来新民通过对大量离线 CMM 检测数据的主成分分析，实现了汽车后桥装配干涉案例的误差源诊断。在小样本检测数据处理方面，HU S. 等将经验贝叶斯方法引入小样本检测条件下的复杂产品制造质量评价中，建立了基于经验贝叶斯理论的制造质量动态评价方法。林忠钦等针对汽车车身制造中小样本检测的特点，提出一种应用经验贝叶斯理论的车身装配尺寸质量评价方法。刘银华和金隼将小数据集与先验概率融合并获得贝叶斯网络参数，实现了汽车装配偏差影响因素的贝叶斯网络建模。贝叶斯网络方法在利用样本所提供的信息的同时，需要挖掘验前分布信息，是否有足够数量的可信验前信息将直接影响评定结果。灰色关联分析能够处理信息不完全明确的灰色系统，并且对数据样本的容量大小和验前信息均没有要求，适用于小样本的飞机研制数据挖掘。

1.2　装配偏差传递分析与预测

（1）装配偏差传递分析

目前，国内外研究学者对装配偏差的研究主要集中在传递机制领域，如基于刚性假设的装配偏差传递、考虑柔性的装配偏差传递等

①刚体装配偏差传递分析

对于刚体偏差模型，没有考虑到零件受力变形等因素的影响，其偏差源大多数来自零件制造的形位公差和夹具等工装设备的定位误差。WANG M.Y. 等基于面接触模型，考虑零件确定性定位、完全约束等定位偏差问题。CAI W. 研究零件制造偏差、定位误差和位姿偏差的函数关系，基于线性变分法构建了零件偏差的约束方程。XU X. 等分析了不同装配装夹方案下的飞机复杂薄壁结构装配偏差问题。曹俊利用确定性定位理论，构建了三维装配偏差模型，获得车身装配偏差传递模型的不同求解方法，得到广大业界内人士的认可。孙辉鹏等基于确定性定位分析，深入研究飞机复杂薄壁结构的装配偏差形成因素及传递机理，预测了装配偏差传播路径。

②柔性装配偏差传递分析

目前，对于飞机柔性装配偏差传递研究相对较少，依旧处于摸索阶段，没有相对系统的研究成果。LINDKVIST 综合分析飞机结构铆接和回弹变形过程的偏差情况，构建了有限

元偏差接触分析模型，进一步提高了飞机柔性装配偏差分析效率。虽然该方法相比于蒙特卡罗仿真分析法极大地节省了计算周期，但仅仅考虑了变形回弹这一因素对柔性装配偏差的影响，未能考虑其他因素的负作用，难以合理地分析柔性装配偏差传递情况。LIU X. 等综合分析了在装配阶段，引入装配应力对偏差传递的影响，并分析了飞机壁板的偏差传递情况。LIN J. 采用影响系数法、线接触法等传统的柔性装配偏差分析方法，基于子结构有限元分析来建立装配偏差传递模型。ZENG W. H. 基于 Monte Carlo 方法，模拟零件公差，将变形和磨损纳入公差分析模型，构建基于实际工况的装配偏差传递模型。张荣宁等在飞机多工位柔性装配阶段，全面研究了飞机机身壁板的装配偏差规律，提出了一种高效的多工位偏差传递分析模型。周琳等基于计算机辅助手段，详细研究了飞机控制点的装配容差协调分配与再设计技术。虽然国内外学者针对柔性构件装配偏差传递分析提出了相关优秀理论，但是，大多数理论均基于有限元分析模型，在实际生产制造过程中缺乏实用性。

飞机装配偏差呈现层级多、不确定性大等特征，传统方式对装配偏差传递分析仅具备参考意义，难以用于飞机结构周期性研发制造及装配。同时，众多其他偏差源均会对飞机质量造成影响，难以用传统的偏差分析方式解决实际问题，急需能够系统性解决多层级装配偏差传递的方法。

传递熵通过熵值来量化信息流之间的传递强度，揭示信息传递大小，已经广泛且成熟地运用于金融经济学、生物科学、人工智能和地球物理等学科领域，并且在飞机等机械结构特性识别上取得了有效的研究成果，但并没有基于传递熵对飞机产品进行装配偏差传递的研究。张媛等拟通过定义马尔科夫链的一步转移概率矩阵，在再制造装配中以马尔科夫链为基础，构建待装配的零件分级选配模型，融合状态空间模型，实现质量动态监控。

网络理论不仅能清晰地描述众多信息量，还能反映出拓扑关系、偏差传递的大小与方向。高贵兵等基于复杂网络理论，在零件制造过程中提取特征节点与连接关系，提出脆弱性综合评估方法，可用于分析零件加工的脆弱性，但此方法的缺陷是它仅适用于制造阶段，不能应用于多层级装配阶段。JIANG P. 等通过融合偏差传递网络与神经元模型，在多阶段装配过程中实时监控产品质量与性能。LIU D. Y. 等引入偏差传递网络，建立不同工序波动方程，识别加工误差源。

（2）装配偏差预测

飞机装配偏差预测对降低飞机制造生产成本，提高整机质量具有重要价值。国外方面，SAADAT 等以机翼翼盒为研究对象，对翼盒装配偏差预测问题展开分析，有效地预测了翼盒部件位置，通过控制组成零件间的间隙控制翼盒整体变形。靳思源等综合分析飞机壁板的装配工艺等信息，结合壁板刚性与柔性等特点，构建刚柔混合装配偏差分析模型，可成功预测机身壁板的装配偏差。但是，该模型没有考虑工装卡板定位误差等因素对壁板装配偏差的影响。以上方法大多假设零件为理想化模型，忽视了零件配合特征，在实际装配阶段，由于不同零件的配合间隙，预测精度存在一定的缺陷。STEFANOVA 等利用内部节点法，快速预测飞机复杂薄壁结构装配应力，解决铆接仿真阶段非线性接触的问题。杜丽等融合弹性力学和模糊区间理论，构建柔性航空构件的装配偏差预测模型，有效地解决了信息匮乏情形下的装配偏差预测问题。魏建军等假设零件线性变形回弹，综合考虑零件形位变化，构建零件初始偏差与装配变形的敏感度矩阵，分析偏差源与装配偏差的映射关

系，成功预测了飞机装配偏差。

为了提升装配偏差预测波动区间的准确性，国内外研究学者针对多源数据融合方法展开了一系列研究，提高产品的预测准确度。MADSEN H. 融合目标函数与数据等信息，提出组合预测等经典理论。刘银华基于车身质量信息，结合贝叶斯网络，实现汽车装配偏差影响因素的贝叶斯网络建模。姚科田等融合模型与理论的偏差数据，建立数据驱动模型，在 PTA 生产阶段取得了较好的预测效果。张恃铭基于车身制造特征，结合信息融合理念，构建车身装配偏差预测模型，提升了汽车装配质量。

近年来，在飞机研制过程中引入激光跟踪仪等数字化测量设备已经成为国内外飞机制造公司的共识。使用这些数字化测量设备可测得可靠的装配质量数据，充分利用这些数据中包含的信息，对于揭示装配偏差的传递机理具有重要意义。WANG H. 等通过检索零部件历史制造数据，分析并识别出飞机水平安定面结构装配偏差来源。CHENG H. 等将飞机壁板铆接点实测数据与传统的偏差分析手段相结合进行了铆接点最终装配偏差分析，LIU G. 等通过测量零件搭接配合点的实际位置，应用有限元方法分析配合点的最终偏差，可提前预测装配间隙和干涉情况。以上方法均没有考虑飞机生产批量小的问题，特别是研制阶段，飞机装配偏差检测数据样本量非常小。HU S. 等将经验贝叶斯方法引入小样本检测条件下复杂产品制造质量中，尽管贝叶斯模型可以用于小样本实验分析，适合处理不完备的数据集，但此方法的缺点在于计算量大，确定合理的先验密度比较困难，需拥有足够数量的可信验前数据；神经网络又存在收敛速度较慢、计算量大、样本小的时候网络不稳定等缺陷。因此，贝叶斯模型和神经网络均不适用于飞机小批量研制模式的装配偏差检测。

1.3 装配偏差仿真模型可信度评价

国外方面，CONWAY 等最早提出了仿真实验中模型的有效性问题。BIGGS 和 CAWTHORNE 对“警犬”导弹仿真系统的有效性进行了评估。MCKENNY 提出仿真模型可以不与现实物理系统完全一致，关键是验证模型的输出误差有没有淹没其有用性。VAN HORN 认为模型验证的核心是验证仿真模型与真实物理模型输出数据的一致程度。KHEIR 与 MONTGOMERY 综合 TIC 法与几何表征方法，依据飞行过程中的实验数据评价了导弹仿真系统模型的可信度。FACHADA 等提出基于主成分分析方法对仿真模型进行评价。KWAG 等利用贝叶斯网络对复杂仿真模型进行可信度评估。MARTENS 等基于模糊集合论与机器学习算法，提出了基于神经网络的仿真模型可信度评价方法。REBBA 等总结了一些将统计学应用于模型可信度验证的方法，并基于区间假设检验方法，提出了评估模型可靠性的仿真模型可信度评价方法。

国内方面，直到 20 世纪 80 年代才出现关于可信度的论述，相比于国外起步较晚。最早是国防科技大学以某型号导弹研制仿真系统为分析对象，对其仿真模型可信度进行分析探讨。金明霞等归纳了几种仿真模型评估的方法，提出充分利用偏差检测数据的序列比较法和理论比较法。刘兴堂等依据系统辨识方法构建仿真系统模型，并依据相似度来判定实际系统模型与仿真系统模型的接近程度，从而计算出仿真系统的可信度。李伟等依据仿真

数据的偏差构建了仿真模型可信度计算方法，从而对仿真模型的可信度进行评价。许家俊等结合 Petri 网与 BPEL 建模服务，建立了仿真模型的可信度评估模型。张伟等认为仿真模型可信度评估具有模糊性的特点，因而构建了基于模糊综合评判的仿真可信度评价模型。柳世考等基于数据特征，利用相似理论来验证模型的可信度。刘飞等结合证据理论和模糊集合论，提出了复杂仿真系统可信度的评估方法。查亚兵、魏华梁等分别提出了基于频谱分析和基于灰色关联分析的导弹系统仿真模型可信度评估方法。

1.4 装配公差优化设计

LIN 等基于人工神经网络，建立了成本–公差函数关系式，阐述了装配公差与制造成本之间的关联。LEE 等构建了成本–公差模型，提出了以最小制造成本为优化目标的装配公差求解方法。李晓晓等通过分析对装配质量具有重要影响的核心要素之间的关系，结合公差制造成本与装配精度可靠性原则，提出一种基于小位移旋量公差建模和蒙特卡罗模拟的装配体公差优化设计方法。钱鹏等研究了汽车车身装配偏差传递与累积的关系，提出针对车门内板柔性变形的车窗升降系统装配公差优化设计方法。吕程等以产品制造费用为优化目标，构建多种公差耦合情况下各装配单元结合面误差分析模型，并提出了公差优化设计方法。谭昌柏等考虑飞机多交点装配公差优化过程存在多阶段决策的特征，提出了动态规划的装配公差优化方法。张岩等融合灰色关联分析和粒子群优化算法，提出了基于灰色粒子群算法的飞机装配公差多目标优化设计方法，实现不同装配方法约束下的公差优化设计。陈姣等针对薄壁柔性零件，构建了针对易变形的薄壁件装配公差优化分配模型，并推导出薄壁件装配的公差优化方程，结合有限元方法得到封闭环与组成环之间的变形关系，并将其作为优化模型的约束条件。

综上所述，国内外学者在装配偏差方面进行了大量研究，建立了一套以装配尺寸链和统计分析为基础的装配偏差计算与分析方法。但是，将这些方法应用于飞机复杂结构部件或飞机整机时，无法有效分析偏差传递过程。薄壁件变形回弹、铆接干涉、小样本、信息不完备等飞机装配固有特性会导致装配准确度难以保证，装配质量也难以控制。数据挖掘技术可以通过对信息不完备、小样本数据进行处理，从而获得更加准确、全面、完整的信息，在此基础上进行挖掘，可以为决策提供支持。数据挖掘技术得到了人们的普遍关注，被广泛应用于产品设计、机器学习、专家系统等多个领域，并取得了显著成效。为此，本书针对小批量飞机产品研制，探索基于小样本数据挖掘的飞机复杂薄壁结构装配质量控制理论和方法。

第 2 章　薄壁结构装配粗差识别

航空、航天产品铆接变形、多层级耦合装配等多种因素的影响导致航空航天产品装配偏差不确定度大，装配粗差难以准确识别。为此，本章针对小批量飞机研制模式，引入测量信息论中的聚类分析法和基于不确定性理论的直觉模糊熵法，提出数据驱动的飞机薄壁结构装配粗差判定方法。该方法首先利用系统聚类法建立装配偏差测量数据聚类分析数学模型。用欧氏距离来量化装配质量检测数据之间的相似度，引入组平均连锁量化检测数据类之间的相似度，进行装配粗差的预筛选。其次提出基于加权直觉模糊熵的装配偏差置信区间判定方法，用精确数量化专家之间判定信息的直觉模糊相似度，进行装配偏差置信区间的合理性评估。最后将数据聚类分析和专家知识进行融合，综合识别出装配粗差。

图 2-1 所示为数据驱动的薄壁结构装配粗差识别流程。

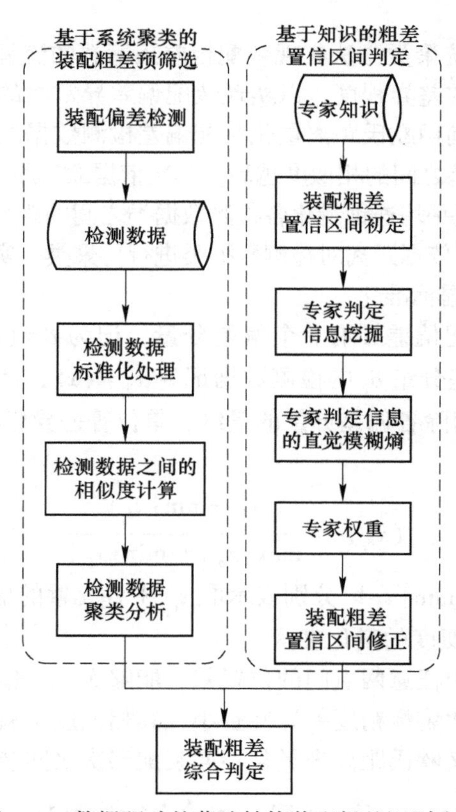

图 2-1　数据驱动的薄壁结构装配粗差识别流程

①引入系统聚类方法，建立装配偏差测量数据聚类分析数学模型。

a. 对装配偏差进行检测，获得装配偏差检测数据。

b. 对装配偏差检测数据进行标准化处理。

c. 利用欧氏距离，计算装配偏差检测数据之间的相似度，对检测数据进行分类，获得相似度大的检测数据类。

d. 运用组平均连锁量化检测数据类之间的相似度，实现检测数据类的再聚集，完成基于系统聚类装配偏差的异类数据的预筛选。

②基于专家知识，判定装配粗差置信区间。

a. 专家依据知识和经验初步判定装配偏差置信区间。

b. 对专家判定装配偏差置信区间的数据进行挖掘。

c. 引入直觉模糊熵，用精确数量化专家之间判定信息的直觉模糊相似度。

d. 确定专家权重，对装配偏差置信区间进行修正，实现基于专家知识的粗差置信区间判定。

③依据系统聚类分析与专家知识，综合识别出装配粗差。

2.1 装配粗差预筛选

图 2-2 所示为采用系统聚类方法实现装配粗差预筛选的流程，图 2-3 所示为依据相似度量化评价装配偏差之间的差异程度，以实现装配偏差异常类的判定。首先在装配偏差检测数据标准化的基础上，利用欧氏距离量化装配偏差检测数据之间的相似度。欧氏距离越小，表示两结构件装配偏差之间的相似度越高。其次依据欧氏距离对检测数据进行聚类，构建检测数据类。然后利用组平均连锁量化各检测数据类之间的距离。类距离越小，表示检测数据类之间的相似度越高，依据距离对检测数据类进行再聚类，实现装配粗差的预筛选。

（1）装配偏差检测数据标准化

设飞机某结构件的装配偏差 δ 有 s 个偏差分量，记为 $\delta=(\delta_1, \delta_2, \cdots, \delta_i, \cdots, \delta_s)$，将装配偏差 δ 的第 i 个偏差分量 δ_i 的检测数据记为 $x_{\delta_i}=(x_{\delta_i}^1, x_{\delta_i}^2, \cdots, x_{\delta_i}^k, \cdots, x_{\delta_i}^{k'}\cdots x_{\delta_i}^n)$，$n$ 为结构件装配架次。为消除各偏差分量的量纲、单位等差异影响，对 x_{δ_i} 中各元素进行标准化处理

$$(x_{\delta_i}^k)'=\frac{x_{\delta_i}^k-\min\{x_{\delta_i}\}}{\max\{x_{\delta_i}\}-\min\{x_{\delta_i}\}} \tag{2-1}$$

式（2-1）中，$\max\{x_{\delta_i}\}$、$\min\{x_{\delta_i}\}$ 分别表示取 x_{δ_i} 中各元素的最大值、最小值。

（2）检测数据之间相似度的量化表示

欧氏距离可表示空间中任意两点间的位置差，能够实现数值特征差异的量化描述。欧氏距离越小，不同装配架次装配精度差异性越小，其相似度也就越高。因此，在偏差数据标准化处理的基础上，定义欧氏距离来量化不同装配架次之间装配偏差的相似性

$$d(x_{\delta_i^k}x_{\delta_i^{k'}})=\left(\sum_{i=1}^{n}\left((\delta_i^k)'-(\delta_i^{k'})'\right)^2\right)^{\frac{1}{2}} \tag{2-2}$$

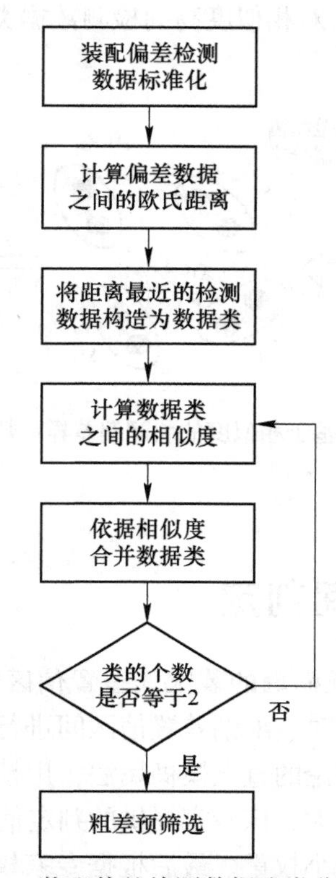

图 2-2　装配偏差检测数据聚类分析流程

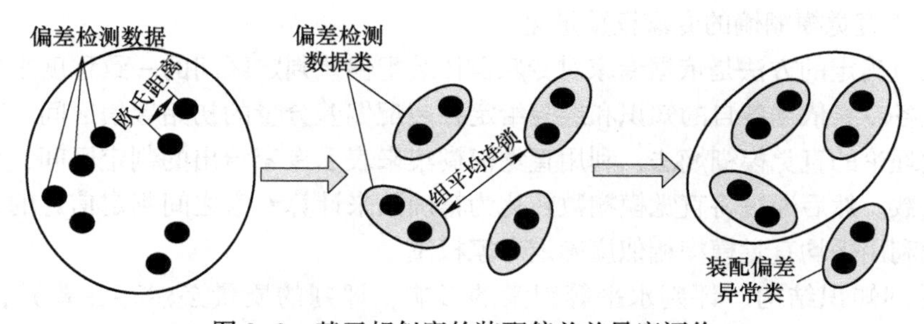

图 2-3　基于相似度的装配偏差差异度评价

式（2-2）中，$d(x_{\delta_i^k}x_{\delta_i^{k'}})$ 越小，表示第 k 和第 k' 两装配架次装配偏差之间的相似度越高。依据 $d(x_{\delta_i^k}x_{\delta_i^{k'}})$ 将相似度高的偏差检测数据聚为一类，将聚类记为 G_m，$G_{m'}$。记集合 $A=\{1, 2, \cdots, w\}$，w 为类的总个数，则 m，$m'\in A$，且 $m<m'$。

（3）检测数据类之间的相似度量化描述

引入组平均连锁计算检测数据类之间的距离 $D_{G_mG_{m'}}$，以量化如图 2-4 所示的检测数据类之间的相似度

$$D_{G_mG_{m'}}=\frac{1}{\varphi_1\varphi_2}\sum_{m\in A}\sum_{m'\in A}d_{mm'} \tag{2-3}$$

式（2-3）中，φ_1、φ_2 分别为检测数据类 G_m、检测数据类 $G_{m'}$ 中元素的个数。$D_{G_mG_{m'}}$ 越小，

表示类 G_m 和类 $G_{m'}$ 的相似度越高。对相似度高的检测数据类进行聚类，如此往复，直到所有数据被分为两类为止。

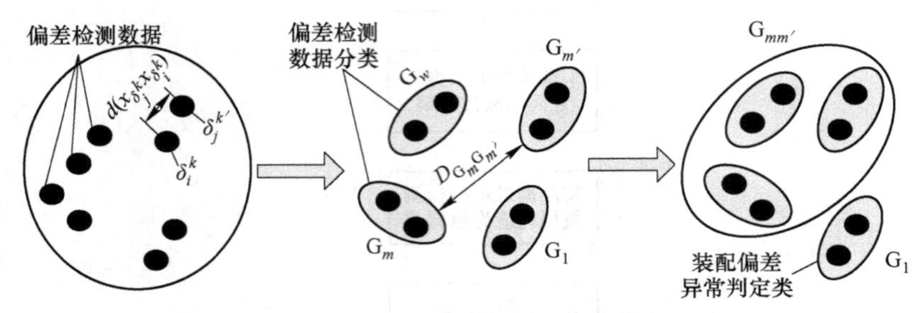

图 2-4　基于相似度的装配偏差异常数据判定

2.2　装配偏差置信区间判定

图 2-5 所示是基于加权直觉模糊熵的装配偏差置信区间判定流程。首先作为评价的主体，专家以领域知识和经验为基础对装配偏差置信区间进行自觉判定。然后针对专家知识信息进行挖掘，引入基于不确定性理论的直觉模糊熵法，用精确数量化专家之间判定信息的直觉模糊相似度。直觉模糊相似度越大，该专家提供的判定信息越能代表专家群体的意见，应赋予较大权重；反之，则应赋予较小权重。最后根据专家权重对置信区间进行加权，得到装配偏差置信区间的修正值。

（1）基于直觉模糊熵的专家权重量化

专家权重确定的方法是依据专家对专家群体装配偏差判定区间的一致程度来为专家赋予权重。首先各专家依据各自的知识和经验给定各装配偏差分量的初始置信区间。其次引入基于不确定度理论的直觉模糊熵法，利用直觉模糊集来表示专家给出的判定区间，计算专家判定直觉模糊数。然后通过将直觉模糊数转化为精确数来计算专家之间判定信息的直觉模糊相似度，最后利用平均直觉模糊相似度确定专家权重。

专家受到知识结构、评判水平等因素的影响，评判的质量必然存在差异，因此，引入直觉模糊熵挖掘专家判定数据中所蕴含的信息，对专家给定装配偏差置信区间的合理性进行客观评估，解决基于直觉模糊集的专家判定信息的不确定性问题。设有 p 位专家进行装配偏差区间判定，将不同专家记为 $e_p(p=1,2,\cdots,l)$。将专家 e_p 针对装配偏差分量 δ_i 的初始判定区间记为 $\Phi_i^p=[(\dim_i^p)_{\min},(\dim_i^p)_{\max}]$，$(\dim_i^p)_{\min}$、$(\dim_i^p)_{\max}$ 分别表示判定区间的最小值、最大值。对专家判定信息 I_i^p 进行挖掘，定义专家 e_p 不同偏差分量的直觉模糊集

$$Y_{ik}^p=\{<c,\mu_{ik}^p(c),\upsilon_{ik}^p(c)>|\ c\in I_i^p\} \tag{2-4}$$

式（2-4）中，c 为直觉模糊集 Y_{ik}^p 中判定区间的元素，隶属度函数 $\mu_{ik}^p(c)$ 取值范围为［0，1］，非隶属度函数 $\upsilon_{ik}^p(c)$ 取值范围为［0，1］，且 $0\leqslant\mu_{ik}^p(c)+\upsilon_{ik}^p(c)\leqslant1$。

由直觉模糊集 Y_{ik}^p 得到专家 e_p 判定的直觉模糊数 r_{ik}^p。

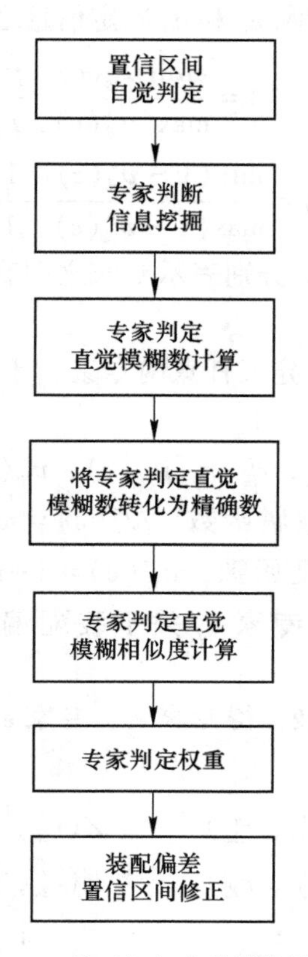

图 2-5　基于加权直觉模糊熵的
装配偏差置信区间判定流程

$$\begin{cases} r_{ik}^{p} = \langle \mu_{ik}^{p}(c), \ \upsilon_{ik}^{p}(c) \rangle \\ \mu_{ik}^{p}(c) = \begin{cases} |c|, & \eta \leqslant c \leqslant 1 \\ 0, & \text{其他} \end{cases} \\ \upsilon_{ik}^{p}(c) = \begin{cases} c, & 0 \leqslant c \leqslant 1 \\ 0, & \text{其他} \end{cases} \end{cases} \tag{2-5}$$

式（2-5）中，η 为直觉模糊集元素 c 的下限，当（$\dim_i^p$）$_{\min}$<-1 时，$\eta=-1$；当 $-1 \leqslant$（$\dim_i^p$）$_{\min}$<1 时，$\eta=(\dim_i^p)_{\min}$；当（$\dim_i^p$）$_{\min} \geqslant 1$ 时，$\eta=1$。

对 r_{ik}^{p} 进行扩展，构建专家 e_p 判定信息的直觉模糊矩阵

$$\boldsymbol{R}^{p} = \begin{pmatrix} r_{11}^{p} & r_{12}^{p} & \cdots & r_{1k}^{p} & \cdots & r_{1n}^{p} \\ r_{21}^{p} & r_{22}^{p} & \cdots & r_{2k}^{p} & \cdots & r_{2n}^{p} \\ \vdots & \vdots & \ddots & \vdots & \ddots & \vdots \\ r_{i1}^{p} & r_{i2}^{p} & \cdots & r_{ik}^{p} & \cdots & r_{in}^{p} \\ \vdots & \vdots & \ddots & \vdots & \ddots & \vdots \\ r_{s1}^{p} & r_{s2}^{p} & \cdots & r_{sk}^{p} & \cdots & r_{sn}^{p} \end{pmatrix} \tag{2-6}$$

利用直觉模糊数量化任意两专家 e_p 和 e_q 判定信息之间的直觉模糊相似度

$$\lambda_1(r_{ik}^p,\ r_{ik}^q)=\frac{\min(\mu_{ik}^p(c),\ \mu_{ik}^q(c))}{\max(\mu_{ik}^p(c),\ \mu_{ik}^q(c))} \tag{2-7}$$

$$\lambda_2(r_{ik}^p,\ r_{ik}^q)=\frac{\min(1-\upsilon_{ik}^p(c),\ 1-\upsilon_{ik}^q(c))}{\max(1-\upsilon_{ik}^p(c),\ 1-\upsilon_{ik}^p(c))} \tag{2-8}$$

式（2-7）、式（2-8）中，λ_1、λ_2 分别表示专家之间直觉模糊数隶属度之间的相似程度和非隶属度之间的相似程度。

综合式（2-7）和式（2-8），定义任意两专家 e_p 和 e_q 关于装配偏差分量 δ_i 判定区间的相似度

$$Z(r_{ik}^p,\ r_{ik}^q)=[\bar{\mu}_{ik}^{pq}(c),\ \bar{\upsilon}_{ik}^{pq}(c)] \tag{2-9}$$

式中，$\bar{\mu}_{ik}^{pq}(c)$ 为 $Z(r_{ik}^p,\ r_{ik}^q)$ 的隶属函数，$\bar{\mu}_{ik}^{pq}(c)=\min(\lambda_1(r_{ik}^p,\ r_{ik}^q),\ \lambda_2(r_{ik}^p,\ r_{ik}^q))$；$\bar{\upsilon}_{ik}^{pq}(c)$ 为 $Z(r_{ik}^p,\ r_{ik}^q)$ 的非隶属度函数，$\bar{\upsilon}_{ik}^{pq}(c)=1-\max(\lambda_1(r_{ik}^p,\ r_{ik}^q),\ \lambda_2(r_{ik}^p,\ r_{ik}^q))$；$Z(r_{ik}^p,\ r_{ik}^q)$ 越大，表示专家 e_p、专家 e_q 关于装配偏差置信区间评定的判断信息越一致。

对相似度 $Z(r_{ik}^p,\ r_{ik}^q)$ 进行扩展，得专家 e_p、专家 e_q 关于装配偏差 δ 置信区间评定的相似度矩阵

$$\boldsymbol{Z}^{pq}=\begin{pmatrix} Z(r_{11}^p,\ r_{11}^q) & Z(r_{12}^p,\ r_{12}^q) & \cdots & Z(r_{1k}^p,\ r_{1k}^q) & \cdots & Z(r_{1n}^p,\ r_{1n}^q) \\ Z(r_{21}^p,\ r_{21}^q) & Z(r_{22}^p,\ r_{22}^q) & \cdots & Z(r_{2k}^p,\ r_{2k}^q) & \cdots & Z(r_{2n}^p,\ r_{2n}^q) \\ \vdots & \vdots & \ddots & \vdots & \ddots & \vdots \\ Z(r_{i1}^p,\ r_{i1}^q) & Z(r_{i2}^p,\ r_{i2}^q) & \cdots & Z(r_{ik}^p,\ r_{ik}^q) & \cdots & Z(r_{in}^p,\ r_{in}^q) \\ \vdots & \vdots & \ddots & \vdots & \ddots & \vdots \\ Z(r_{s1}^p,\ r_{s1}^q) & Z(r_{s2}^p,\ r_{s2}^q) & \cdots & Z(r_{sk}^p,\ r_{sk}^q) & \cdots & Z(r_{sn}^p,\ r_{sn}^q) \end{pmatrix} \tag{2-10}$$

由于相似度矩阵 $\boldsymbol{Z}^{pq}$ 中的元素为直觉模糊数，难以直接计算，因此，将 $Z(r_{ik}^p,\ r_{ik}^q)$ 转化为精确数

$$A(r_{ik}^p,\ r_{ik}^q)=\bar{\mu}_{ik}^{pq}(c)+\theta[1-\bar{\mu}_{ik}^{pq}(c)-\bar{\upsilon}_{ik}^{pq}(c)] \tag{2-11}$$

式中，θ 为风险因子，$0\leqslant\theta\leqslant1$。当 $\theta=0$ 时，$A(r_{ik}^p,\ r_{ik}^q)=\bar{\mu}_{ik}^{pq}(c)$，去除有不确定性的非隶属度。

利用式（2-11）将相似度矩阵 $\boldsymbol{Z}^{pq}$ 转化为精确数矩阵

$$\boldsymbol{A}^{pq}=\begin{pmatrix} A(r_{11}^p,\ r_{11}^q) & A(r_{12}^p,\ r_{12}^q) & \cdots & A(r_{1k}^p,\ r_{1k}^q) & \cdots & A(r_{1n}^p,\ r_{1n}^q) \\ A(r_{21}^p,\ r_{21}^q) & A(r_{22}^p,\ r_{22}^q) & \cdots & A(r_{2k}^p,\ r_{2k}^q) & \cdots & A(r_{2n}^p,\ r_{2n}^q) \\ \vdots & \vdots & \ddots & \vdots & \ddots & \vdots \\ A(r_{i1}^p,\ r_{i1}^q) & A(r_{i2}^p,\ r_{i2}^q) & \cdots & A(r_{ik}^p,\ r_{ik}^q) & \cdots & A(r_{in}^p,\ r_{in}^q) \\ \vdots & \vdots & \ddots & \vdots & \ddots & \vdots \\ A(r_{s1}^p,\ r_{s1}^q) & A(r_{s2}^p,\ r_{s2}^q) & \cdots & A(r_{sk}^p,\ r_{sk}^q) & \cdots & A(r_{sn}^p,\ r_{sn}^q) \end{pmatrix} \tag{2-12}$$

平均相似度能够简明、直观地描述各专家之间区间判定的集中趋势。

定义专家 e_p 关于偏差分量 δ_i 的平均相似数

$$A(r_{ik}^{p}) = \frac{1}{n}\left(\frac{1}{l-1}\right)\sum_{q=1}^{l}\sum_{k=1}^{n}A_{ik}^{pq},\ q \neq p \tag{2-13}$$

对式（2-13）进行扩展，定义专家 e_p 关于所有偏差分量的平均相似数矩阵

$$\boldsymbol{A}^{P} = [A(r_{i1}^{p})A(r_{i2}^{p})\cdots A(r_{ik}^{p})\cdots A(r_{in}^{p})] \tag{2-14}$$

$A(r_{ik}^{p})$ 反映出专家 e_p 与专家群体装配偏差判定区间的一致性程度，$A(r_{ik}^{p})$ 越高，表明该专家给出的区间范围越能代表专家群体的意见；$A(r_{ik}^{p})$ 越低，表明该专家的判定意见与群体综合意见的差异较大。因此，对 $A(r_{ik}^{p})$ 值大的专家应赋予大的权重。

$$\omega_{ip} = \frac{A(r_{ik}^{p})}{\sum_{p=1}^{l}A(r_{ik}^{p})} \tag{2-15}$$

对权重 ω_{ip} 进行扩展，可得各专家关于结构件装配偏差 δ 判定的权重矩阵

$$\boldsymbol{\Omega} = \begin{bmatrix}\boldsymbol{\omega}_1\\ \boldsymbol{\omega}_2\\ \vdots\\ \boldsymbol{\omega}_i\\ \vdots\\ \boldsymbol{\omega}_s\end{bmatrix} = \begin{pmatrix}\omega_{11} & \omega_{12} & \cdots & \omega_{1p} & \cdots & \omega_{1l}\\ \omega_{21} & \omega_{22} & \cdots & \omega_{2p} & \cdots & \omega_{2l}\\ \vdots & \vdots & \ddots & \vdots & \ddots & \vdots\\ \omega_{i1} & \omega_{i2} & \cdots & \omega_{ip} & \cdots & \omega_{il}\\ \vdots & \vdots & \ddots & \vdots & \ddots & \vdots\\ \omega_{s1} & \omega_{s2} & \cdots & \omega_{sp} & \cdots & \omega_{sl}\end{pmatrix} \tag{2-16}$$

（2）基于专家权重的装配偏差置信区间修正

利用专家初始判定区间 Φ_i^p，构建判定区间矩阵

$$\boldsymbol{\Phi} = \begin{bmatrix}\boldsymbol{\Phi}_1\\ \boldsymbol{\Phi}_2\\ \vdots\\ \boldsymbol{\Phi}_i\\ \vdots\\ \boldsymbol{\Phi}_s\end{bmatrix} = \begin{bmatrix}\Phi_1^1 & \Phi_1^2 & \cdots & \Phi_1^p & \cdots & \Phi_1^l\\ \Phi_2^1 & \Phi_2^2 & \cdots & \Phi_2^p & \cdots & \Phi_2^l\\ \vdots & \vdots & \ddots & \vdots & \ddots & \vdots\\ \Phi_i^1 & \Phi_i^2 & \cdots & \Phi_i^p & \cdots & \Phi_i^l\\ \vdots & \vdots & \ddots & \vdots & \ddots & \vdots\\ \Phi_s^1 & \Phi_s^2 & \cdots & \Phi_s^p & \cdots & \Phi_s^l\end{bmatrix} \tag{2-17}$$

利用权重矩阵 $\boldsymbol{\Omega}$，对判定区间矩阵 $\boldsymbol{\Phi}$ 进行加权修正，即可得到装配偏差修正置信区间矩阵

$$\boldsymbol{\Phi}' = \boldsymbol{\Omega}\boldsymbol{\Phi}^{\mathrm{T}} = \begin{bmatrix}\boldsymbol{\omega}_1(\boldsymbol{\Phi}_1)^{\mathrm{T}} & \boldsymbol{\omega}_1(\boldsymbol{\Phi}_2)^{\mathrm{T}} & \cdots & \boldsymbol{\omega}_1(\boldsymbol{\Phi}_i)^{\mathrm{T}} & \cdots & \boldsymbol{\omega}_1(\boldsymbol{\Phi}_s)^{\mathrm{T}}\\ \boldsymbol{\omega}_2(\boldsymbol{\Phi}_1)^{\mathrm{T}} & \boldsymbol{\omega}_2(\boldsymbol{\Phi}_2)^{\mathrm{T}} & \cdots & \boldsymbol{\omega}_2(\boldsymbol{\Phi}_i)^{\mathrm{T}} & \cdots & \boldsymbol{\omega}_2(\boldsymbol{\Phi}_s)^{\mathrm{T}}\\ \vdots & \vdots & \ddots & \vdots & \ddots & \vdots\\ \boldsymbol{\omega}_i(\boldsymbol{\Phi}_1)^{\mathrm{T}} & \boldsymbol{\omega}_i(\boldsymbol{\Phi}_2)^{\mathrm{T}} & \cdots & \boldsymbol{\omega}_i(\boldsymbol{\Phi}_i)^{\mathrm{T}} & \cdots & \boldsymbol{\omega}_i(\boldsymbol{\Phi}_s)^{\mathrm{T}}\\ \vdots & \vdots & \ddots & \vdots & \ddots & \vdots\\ \boldsymbol{\omega}_s(\boldsymbol{\Phi}_1)^{\mathrm{T}} & \boldsymbol{\omega}_s(\boldsymbol{\Phi}_2)^{\mathrm{T}} & \cdots & \boldsymbol{\omega}_s(\boldsymbol{\Phi}_i)^{\mathrm{T}} & \cdots & \boldsymbol{\omega}_s(\boldsymbol{\Phi}_s)^{\mathrm{T}}\end{bmatrix} \tag{2-18}$$

利用式（2-18）可求得第 i 个偏差分量的修正后的置信区间

$$(\boldsymbol{\Phi}_i)' = \boldsymbol{\omega}_i(\boldsymbol{\Phi}_i)^{\mathrm{T}} = \omega_{i1}\Phi_i^1 + \omega_{i2}\Phi_i^2 + \cdots + \omega_{ip}\Phi_i^p + \cdots + \omega_{il}\Phi_i^l \tag{2-19}$$

2.3 装配偏差仿真

3DCS尺寸公差分析软件是一款专门应用于产品公差分析的三维仿真软件，该款软件主要集成了CATIA、SOLIDWORKS、Creo等三维建模软件，可以直接读取其中的三维CAD模型，不用进行额外的数模转换。通过定义各装配零件的特征公差信息、装配工艺信息及测量项信息，依据产品的装配工艺与零件加工偏差进行装配仿真，不但可以进行偏差分析，而且能够对尺寸分析结果进行优化。

该软件具有多种装配方式，同时包含柔性与刚性分析模块，可以模拟实际生产中产品的复杂装配过程。在分析过程中，该软件不仅能以动图的形式展现每一步装配过程，而且可以直接显示出零件偏差在装配过程中的浮动效果。依据该软件，能够精确地分析各偏差源对测量项偏差的贡献度情况，同时可以很好地对产品装配偏差进行预测，这样可以降低实际生产中的制造成本，被广泛应用于工程实践。

2.3.1 3DCS简介

(1) 3DCS刚性模块装配仿真模块简介

作为一款专业的尺寸偏差分析工具，它可以在不同的平台上安装和使用。尺寸工程师可以借助3DCS对装配体进行装配偏差分析，并对最终的结果进行优化。在3DCS刚性装配模块，通常以装配体上建立的MEASUREMENT为分析对象，以蒙特卡罗法为算法依据进行仿真分析。在进行刚性装配仿真时，需要为组成装配体的每个零件赋予对应的材料属性和尺寸，同时也需要根据装配工艺为各零部件之间添加装配关系和约束。通过对偏差的分析，尺寸工程师可以借助计算机在线模拟实际装配时的零件各尺寸的变化。作为尺寸管理的重要内容，通过3DCS进行偏差分析可以验证已经制定好的尺寸管理计划，设计师们也可以通过3DCS验证自己的观点或者假设，从而达到优化尺寸管理和获得更优的解决方案的目的。

在创建3DCS公差分析模型时，尺寸工程师可以采用各种各样的顺序创建move-tolerance-measurement (MTM)。典型的MTM在装配树中的位置说明具体如图2-6所示。

在3DCS偏差分析创建完毕后，通过运行3DCS的run analyse可以进行蒙特卡罗仿真分析。首先程序会执行尺寸工程师根据实际装配工艺设定的公差或者偏差。其次程序会根据设定的装配方式进行装配仿真。然后程序会综合零件的公差和装配方式等进行模拟装配。最后程序会对根据实际装配需要创建的测量项进行测量运算。整个仿真分析过程都需要按照CATIA结构树从子节点到父节点的顺序执行。为了保证3DCS偏差分析结果的准确性，需要注意以下几个问题。

①move通常创建在零件或部件的父级上。

②tolerance通常创建在零件上。

③measurement通常创建在最终的总装配件或部件上。

图 2-6　MTM 在装配树中的位置

（2）3DCS 柔性模块装配仿真模块简介

3DCS 柔性装配仿真模块作为 3DCS 的一个高级模块，可以用来模拟柔性零件在装配过程中由于定位、夹紧、焊接、铆接、松开夹紧、回弹和其他外力作用导致的变形情况。3DCS 的柔性装配模块以从外部导入的刚度矩阵文件和有限元网格文件为依据计算变形。刚度矩阵可通过 ANSYS、ANSA、Presys 和 ABAQUS 等专业有限元分析软件或有限元前处理软件计算获得。在利用 3DCS 进行柔性装配仿真时，存在以下假设和局限。

①模型中用到的点必须在每个柔性模块中创建，理论上刚体模型是完整的。

②每个柔性零件对应一个有限元网格和刚度矩阵文件。

③模型中的所有点都应与有限元网格节点对应，图形显示用 RSM 方法逼近。

④动画模拟的时候需要借助有限元网格实现。

2.3.2　3DCS 分析原理

3DCS 公差分析机理是将装配工艺信息中各零件的公差信息、装配顺序及质量检测标准等信息添加到三维模型中，来模拟实际装配并分析装配偏差的。3DCS 装配偏差仿真过程中使用的是蒙特卡罗分析方法，它通过设定装配次数统计分析出的偏差波动范围与贡献度值等来反映零件偏差对装配质量的影响。

蒙特卡罗分析方法是对产品进行大批量的实际现场装配模拟。首先建立零件偏差分布的概率模型，其中常见的概率模型有正态分布、均一分布等，随机在给定公差范围内对零部件赋予公差进行模拟装配。然后在当前公差信息情况下对产品进行虚拟装配，不断更新

各零部件的装配公差并进行装配，并记录各次装配偏差数据。最后对装配偏差进行分析，统计出装配偏差的分布情况。因此，蒙特卡罗模拟方法通常又称随机抽样模拟方法。图 2-7 所示为装配偏差蒙特卡罗法计算与分析方法。

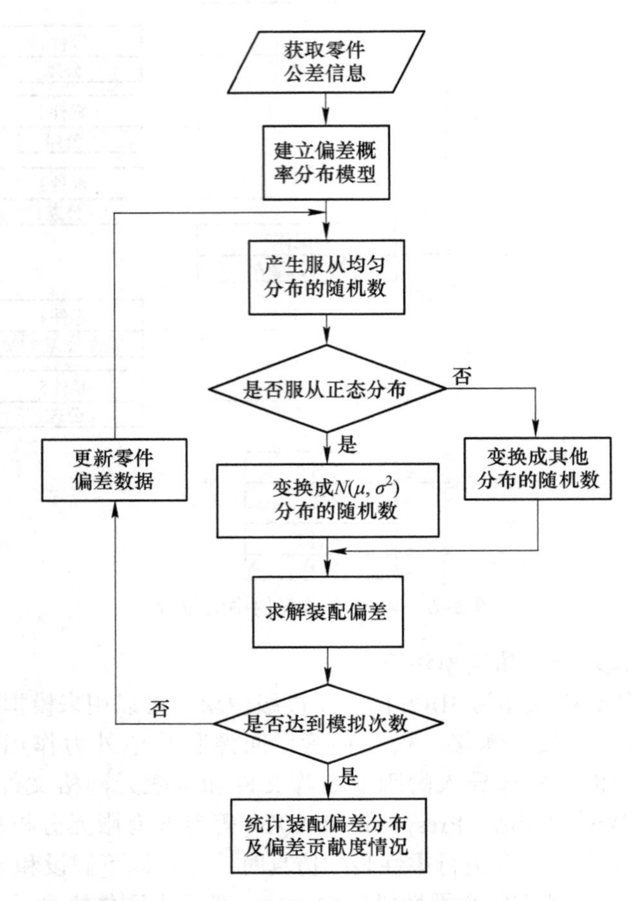

图 2-7　装配偏差蒙特卡罗法计算方法

2.3.3　3DCS 公差分析流程

使用 3DCS 对柔性零件进行装配仿真时，对模型做出以下假设。

①三维模型中所使用的特征点均需在每个零件柔性模块中创建。

②每个柔性零件都有相对应的有限元网格文件与刚度矩阵文件。

③模型中的所有点都应该与有限元网格中的点对应，否则会产生偏差。

图 2-8 所示为基于 3DCS 公差分析软件进行偏差分析的流程：首先准备数据，包括三维数模的建立、公差信息的采集、装配顺序的规划、产品质量要求的获取等。然后基于前期的数据准备，将产品零件三维数模信息导入 3DCS 软件中，再将公差信息导入零件模型中，定义各零件装配定位方式，确定影响产品质量的测量项。最后在进行模拟装配之后，对装配结果进行数据分析，生成装配偏差报告。

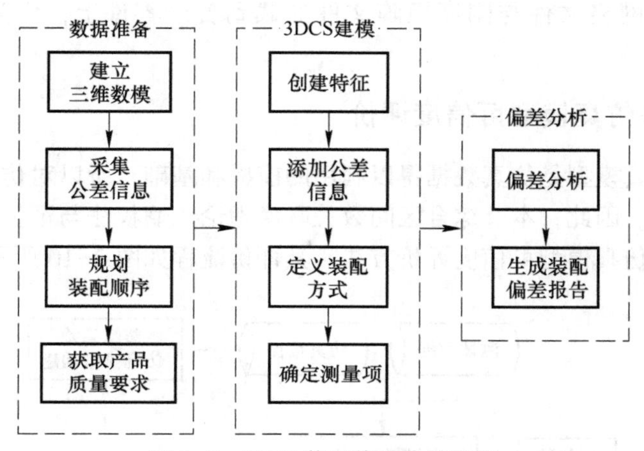

图 2-8　3DCS 装配偏差分析流程

2.3.4　3DCS 公差分析数据流

3DCS 柔性装配仿真模块是该软件的一个高级模块，可以使用它模拟柔性薄壁零件在装配过程中由于定位、夹紧、焊接（铆接）、释放 夹紧、弹性回弹等造成的变形情况。应用 3DCS 软件进行柔性装配分析时，需要大量的数据，如 CAD 文件、网络文件、StiffGen 等数据，相关文件及文件数据流传递情况如图 2-9 所示。

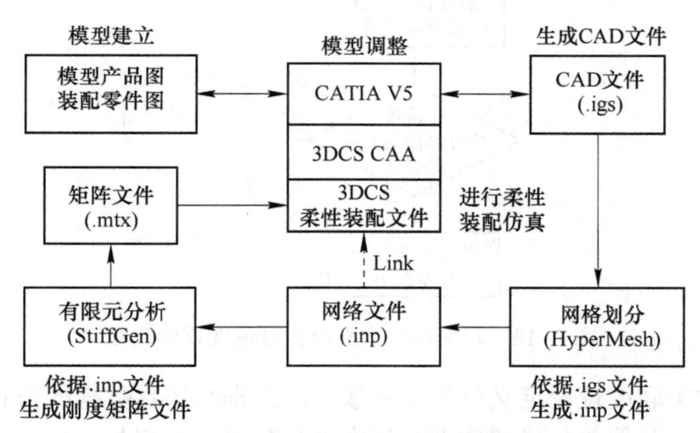

图 2-9　柔性装配偏差仿真数据流传递

①利用三维软件 CATIA 建立产品模型，在产品装配树中建立合适的零件父子级关系，并分别保存零件与产品的三维模型数据。

②将装配零件与产品的模型数据导入 3DCS 软件，创建装配所需的特征点，生成相应的 CAD 数据。

③将每个零件的 CAD 数据导入网格划分软件，考虑到 HyperMesh 网格划分软件操作简单、划分精度高的特点，选用该软件划分每个零件的网格，并生成每个零件对应的网格文件。

④将各零件的网格导入 3DCS 软件的 StiffGen 模块，生成各零件的刚度矩阵文件。

⑤将各零件的网格文件与刚度矩阵文件加载到各个零件上，作为零件装配变形的依据。

2.3.5 装配偏差仿真模型可信度评价

可信度高的仿真模型是仿真数据得以利用的前提和基础，所以对仿真模型可信度评价是尤为关键的一步。因此，本节综合区间数关联度理论、熵权法与证据理论，提出一种飞机结构件装配偏差仿真模型可信度评价方法。其评价流程如图 2-10 所示。

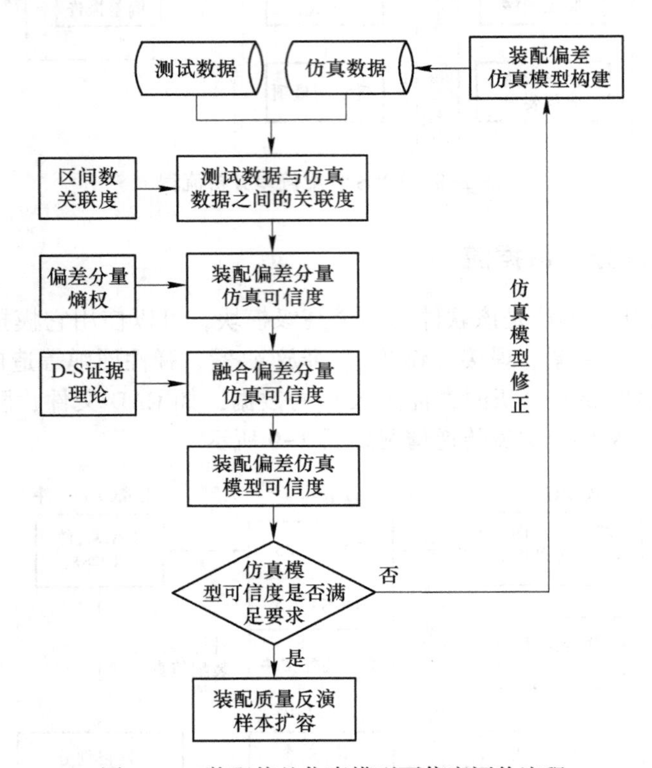

图 2-10 装配偏差仿真模型可信度评价流程

①依据区间数关联度理论定义各偏差分量实测数据与仿真数据的仿真可信度。

②依据熵权法对各偏差分量的仿真可信度进行赋权，得到包含偏差分量权重的仿真可信度。

③引入 D-S 证据理论对各偏差分量仿真数据的可信度进行聚合，用证据理论中的 Dempster 合成法则融合各偏差分量仿真可信度得到整个装配偏差仿真模型的综合可信度，据此对仿真模型进行评价。

若仿真模型可信度满足要求，则利用该仿真模型模拟真实结构件装配过程，为建立装配单元偏差与装配质量之间的映射模型提供可靠的数据；若仿真模型可信度不满足要求，则修正仿真模型，继续对其可信度进行验证。

2.3.5.1 仿真模型可信度评价

区间数关联度理论基于数据特征，可以从多角度、多层次对仿真模型可信度进行评

价，通过计算数据序列间的区间数关联度来定义区间数序列间的接近程度，从而对仿真模型做出更加准确的可信度评价。因此，引入区间数关联度理论来计算各装配偏差分量的仿真可信度，为整个仿真模型的可信度评价奠定了数据基础，进而可以得到整个飞机结构件装配偏差仿真模型的综合可信度。

（1）装配偏差实测数据区间数形式处理

假定某型号飞机结构件含有 w 个偏差分量，记为 $\{F_1, F_2, \cdots, F_i, \cdots, F_w\}$。对该结构件进行 n 次装配，构建第 i 个偏差分量 F_i 的偏差实测数据序列

$$F_{si} = \{F_{si}(1), F_{si}(2), \cdots, F_{si}(n)\} \tag{2-20}$$

式中，n 为偏差实测数据的个数，s 代表实测。

将式（2-20）中偏差分量 F_i 的偏差实测数据序列 F_{si} 转换为区间数形式

$$F_{si}' = [(F_{si})^-, (F_{si})^+] \tag{2-21}$$

式中，$(F_{si})^-$、$(F_{si})^+$分别为偏差实测数据序列 $F_{si} = \{F_{si}(1), F_{si}(2), \cdots, F_{si}(n)\}$ 中的最小值、最大值。

采集各偏差分量的偏差实测数据，构建结构件各偏差分量实测数据序列

$$\begin{cases} F_{s1} = \{F_{s1}(1), F_{s1}(2), \cdots, F_{s1}(n)\} \\ F_{s2} = \{F_{s2}(1), F_{s2}(2), \cdots, F_{s2}(n)\} \\ \vdots \\ F_{si} = \{F_{si}(1), F_{si}(2), \cdots, F_{si}(n)\} \\ \vdots \\ F_{sw} = \{F_{sw}(1), F_{sw}(2), \cdots, F_{sw}(n)\} \end{cases} \tag{2-22}$$

将各偏差分量的偏差实测数据按式（2-21）转化为区间数形式，构建该结构件各偏差分量偏差实测区间数序列

$$F'_s = \{F'_{s1}, F'_{s2}, \cdots, F'_{si}, \cdots, F'_{sw}\} \tag{2-23}$$

式中，F'_{si}为第 i 个偏差分量的偏差实测区间数。

（2）装配偏差仿真数据区间数形式处理

根据建立的装配偏差仿真模型，同样进行 n 次装配仿真，采集该结构件各偏差分量的偏差仿真数据，构建偏差仿真数据序列

$$\begin{cases} F_{m1} = \{F_{m1}(1), F_{m1}(2), \cdots, F_{m1}(n)\} \\ F_{m2} = \{F_{m2}(1), F_{m2}(2), \cdots, F_{m2}(n)\} \\ \vdots \\ F_{mi} = \{F_{mi}(1), F_{mi}(2), \cdots, F_{mi}(n)\} \\ \vdots \\ F_{mw} = \{F_{mw}(1), F_{mw}(2), \cdots, F_{mw}(n)\} \end{cases} \tag{2-24}$$

式中，m 代表仿真。

将各偏差分量偏差仿真数据序列转换为区间数形式

$$F'_{mi} = [(F_{mi})^-, (F_{mi})^+] \tag{2-25}$$

式中，$(F_{mi})^-$、$(F_{mi})^+$分别为偏差仿真实测数据序列 $F_{mi} = \{F_{mi}(1), F_{mi}(2), \cdots, F_{mi}(n)\}$

中的最小值、最大值。

依据式（2-24）与式（2-25）构建偏差仿真区间数序列

$$F'_{m}=\{F'_{m1},\ F'_{m2},\ \cdots,\ F'_{mi},\ \cdots,\ F'_{mw}\} \tag{2-26}$$

（3）偏差分量区间数关联度计算

将结构件各偏差分量实测区间数序列 F'_{s} 作为参考序列，装配偏差仿真区间数序列 F'_{m} 作为对比序列，计算第 i 个偏差分量的仿真数据与实测数据之间的区间数关联度

$$\xi_i=\frac{\min L_i+\rho\max L_i}{L_i+\rho\max L_i} \tag{2-27}$$

其中 $$L_i=\{[(F_{si})^- -(F_{mi})^-]^2+[(F_{si})^+ -(F_{mi})^+]^2\}^{\frac{1}{2}}$$

式中，L_i 为点 $[(F_{si})^-,\ (F_{si})^+]$ 到点 $[(F_{mi})^-,\ (F_{mi})^+]$ 的欧氏距离；ρ 为分辨系数，且 $\rho\in[0,\ 1]$。

根据式（2-27），计算得各偏差分量的偏差仿真数据与偏差实测数据的区间数关联度，构建区间数关联度序列 ξ

$$\xi=\{\xi_1,\ \xi_2,\ \cdots,\ \xi_i,\ \cdots,\ \xi_w\} \tag{2-28}$$

式中，ξ_i 为第 i 个偏差分量的区间数关联度。

2.3.5.2 偏差分量仿真数据可信度合成

（1）偏差分量权重求解

飞机结构件的装配质量由各偏差分量共同决定，而各偏差分量对装配质量的影响程度受限于其带有的信息量，熵权法可以依据熵值对信息本身的不均匀性来体现指标的重要程度。因此，可以利用熵权法挖掘出各偏差分量引入的偏差信息，通过各偏差分量的信息熵值计算得到各偏差分量对结构件装配质量的影响权重。

①构建多属性评价矩阵。

对于该飞机结构件的第 i 个偏差分量 F_i，依据该偏差分量的偏差实测数据序列 $F_{si}=\{F_{si}(1),\ F_{si}(2),\ \cdots,\ F_{si}(n)\}$，构建得到多属性评价矩阵

$$\boldsymbol{Q}=\begin{bmatrix}F_{s1}\\F_{s2}\\\vdots\\F_{sw}\end{bmatrix}=\begin{bmatrix}F_{s1}(1)&F_{s1}(2)&\cdots&F_{s1}(n)\\F_{s2}(1)&F_{s2}(2)&\cdots&F_{s2}(n)\\\vdots&\vdots&\ddots&\vdots\\F_{sw}(1)&F_{sw}(2)&\cdots&F_{sw}(n)\end{bmatrix} \tag{2-29}$$

②标准化处理偏差检测数据。

离差标准化可以消除单位影响及自身变量差异，为保证该装配单元检测数据稳定有效，可以利用离差标准化法对偏差检测数据进行数据处理。离差标准化方法如下

$$F^*_{si}(k)=\frac{F_{si}(k)-\min(F_{si})}{\max(F_{si})-\min(F_{si})},\ k=1,\ 2,\ \cdots,\ n \tag{2-30}$$

式中，$F^+_{si}(k)$ 为检测数据 $F_{si}(k)$ 标准化处理后的数据；$\max(F_{si})$、$\min(F_{si})$ 分别为第 i 个偏差分量实测数据序列 $F_{si}=\{F_{si}(1),\ F_{si}(2),\ \cdots,\ F_{si}(n)\}$ 中的最大值、最小值。

依据式（2-30），将多属性评价矩阵 $\boldsymbol{Q}$ 转化为

$$
\boldsymbol{Q}^{*}=\begin{bmatrix} F_{s1}^{*} \\ F_{s2}^{*} \\ \vdots \\ F_{sw}^{*} \end{bmatrix}=\begin{bmatrix} F_{s1}^{*}(1) & F_{s1}^{*}(2) & \cdots & F_{s1}^{*}(n) \\ F_{s2}^{*}(1) & F_{s2}^{*}(2) & \cdots & F_{s2}^{*}(n) \\ \vdots & \vdots & \ddots & \vdots \\ F_{sw}^{*}(1) & F_{sw}^{*}(2) & \cdots & F_{sw}^{*}(n) \end{bmatrix} \tag{2-31}
$$

③计算各偏差分量权重矩阵。

对经过标准化处理的偏差检测数据序列 $F_{si}^{*}=\{F_{si}^{*}(1),\ F_{si}^{*}(2),\ \cdots,\ F_{si}^{*}(\mathrm{n})\}$，计算第 i 个偏差分量第 k 次检测数据所占比重

$$
P_i(k)=\frac{F_{si}^{*}(k)}{\sum_{k=1}^{n} F_{si}^{*}(k)} \tag{2-32}
$$

依据式（2-32）得出各个偏差分量中的偏差检测数据所占比重，构建偏差检测数据比重矩阵

$$
\boldsymbol{P}=\begin{bmatrix} P_1(1) & P_1(2) & \cdots & P_1(n) \\ P_2(1) & P_2(2) & \cdots & P_2(n) \\ \vdots & \vdots & \ddots & \vdots \\ P_w(1) & P_w(2) & \cdots & P_w(n) \end{bmatrix} \tag{2-33}
$$

④求解偏差分量信息熵。

利用式（2-33）计算各偏差分量的信息熵 $H_1,\ H_2,\ \cdots,\ H_i,\ \cdots,\ H_w$

$$
H_i=-\frac{1}{\ln n}\sum_{k=1}^{n} P_i(k)\ln P_i(k) \tag{2-34}
$$

⑤求解偏差分量差异性系数。

根据信息熵性质可知，信息熵越大，该偏差分量自身的变异程度越小，其包含的信息量也越小，所对应的权重也就越小，反之则越大。偏差分量差异性系数为

$$
E_i=1-H_i \tag{2-35}
$$

式中，E_i 为第 i 个偏差分量的差异性系数。

⑥求解偏差分量权重。

在信息熵与差异性系数基础上，依据式（2-35）计算各偏差分量权重

$$
\gamma_i=\frac{E_i}{\sum_{i=1}^{w} E_i} \tag{2-36}
$$

式中，γ_i 为第 i 个偏差分量的权重。

⑦构建偏差分量权重序列。

依据式（2-36）求得各偏差分量权重，构建偏差分量权重序列

$$
\gamma=\{\gamma_1,\ \gamma_2,\ \cdots,\ \gamma_i,\ \cdots,\ \gamma_w\} \tag{2-37}
$$

⑧基于熵权法求解偏差分量区间数关联度。

对各偏差分量的区间数关联度序列 $\xi=\{\xi_1,\ \xi_2,\ \cdots,\ \xi_i,\ \cdots,\ \xi_w\}$ 进行加权处理，权重序列为 $\gamma=\{\gamma_1,\ \gamma_2,\ \cdots,\ \gamma_i,\ \cdots,\ \gamma_w\}$，得到包含偏差分量权重的区间数关联度序列

$$\xi^* = \{\xi_1^*, \xi_2^*, \cdots, \xi_i^*, \cdots, \xi_w^*\} \tag{2-38}$$

式中，ξ_i^* 为第 i 个偏差分量包含权重的区间数关联度，$\xi_i^* = \gamma_i \xi_i$。

（2）偏差分量仿真数据可信度合成

D-S 证据理论在对可信度的推理与聚合方面有着很强的适用性，其最大的特点是摆脱了对先验信息的依赖，运用融合算法来处理不确定信息，可以从不精确信息与不完整信息中总结出最大可能性的推论。鉴于此，引入 D-S 证据理论对各偏差分量仿真可信度进行聚合，从而得到整个飞机结构件装配偏差的综合仿真可信度。

针对该飞机结构件的 w 个偏差分量，将该 w 个偏差分量作为判定装配偏差仿真模型可信度是否满足要求的独立证据源。定义该仿真模型可信度识别框架为｛可信度满足要求，可信度不满足要求，不确定｝=｛c_1，c_2，c_3｝。

根据各装配单元仿真数据与实测数据的区间数关联度序列 ξ^*，采用概率统计与专家打分相结合的方法对每条证据进行基本概率分配。邀请专家依据包含权重的区间数关联度对装配偏差仿真模型进行可信度基本概率赋值，构建基于专家知识的概率分配矩阵

$$\boldsymbol{M} = \begin{bmatrix} m_1(c_1) & m_1(c_2) & m_1(c_3) \\ m_2(c_1) & m_2(c_2) & m_2(c_3) \\ \vdots & \vdots & \vdots \\ m_w(c_1) & m_w(c_2) & m_w(c_3) \end{bmatrix} \tag{2-39}$$

式中，$m_w(c_1)$、$m_w(c_2)$、$m_w(c_3)$ 为第 w 个偏差分量在识别框架下的可信度基本概率。

将各偏差分量仿真可信度作为证据，依据证据理论中的合成法则进行融合，得到整个装配偏差仿真模型综合可信度

$$m = m_1 \oplus m_2 \oplus \cdots \oplus m_w \tag{2-40}$$

式中，m_w 为第 w 个偏差分量的仿真数据可信度；$\oplus$为直和运算。

定义第 i 个偏差分量仿真数据可信度的概率分配为 ｛$m_i(c_1)$，$m_i(c_2)$，$m_i(c_3)$｝，第 j 个偏差分量仿真数据可信度的概率分配为 ｛$m_j(c_1)$，$m_j(c_2)$，$m_j(c_3)$｝。对两偏差分量仿真数据可信度进行证据理论融合

$$m_i \oplus m_j(c) = \begin{cases} 0, & c = \varnothing \\ K_{ij} \sum\limits_{F_i \cap F_j = c} m_i(F_i) \cdot m_j(F_j), & c \neq \varnothing \end{cases} \tag{2-41}$$

式中，$c \in \{c_1, c_2, c_3\}$；K_{ij} 为两个证据之间的归一化因子。

具体融合过程如下。

①计算两个证据之间的冲突程度，即证据冲突因子

$$\lambda_{ij} = m_i(c_1) \times m_j(c_2) + m_i(c_2) \times m_j(c_1) \tag{2-42}$$

②计算归一化因子

$$K_{ij} = \frac{1}{1 - \lambda_{ij}} = \frac{1}{1 - m_i(c_1) \times m_j(c_2) - m_i(c_2) \times m_j(c_1)} \tag{2-43}$$

③计算偏差分量仿真数据可信度进行证据融合后的概率分布

$$m_i \oplus m_j = \begin{cases} m_{ij}(c_1) = K_{ij} \times (m_i(c_1) \times m_j(c_1) + m_i(c_1) \times m_j(c_3) + m_j(c_1) \times m_i(c_3)) \\ m_{ij}(c_2) = K_{ij} \times (m_i(c_2) \times m_j(c_2) + m_i(c_2) \times m_j(c_3) + m_j(c_2) \times m_i(c_3)) \\ m_{ij}(c_3) = 1 - m_{ij}(c_1) - m_{ij}(c_2) \end{cases} \tag{2-44}$$

式中，$m_{ij}(c_1)$ 为偏差分量 F_i 与 F_j 进行证据融合后可信度满足要求的概率；$m_{ij}(c_2)$ 为偏差分量 F_i 与 F_j 进行证据融合后可信度不满足要求的概率；$m_{ij}(c_3)$ 为偏差分量 F_i 与 F_j 进行证据融合后可信度不确定的概率。

依据式（2-41）中的证据合成法则继续融合其他偏差分量仿真数据可信度，最终得到飞机结构件装配偏差仿真模型的综合可信度 m。

图 2-11 所示为多个偏差分量的仿真数据可信度合成过程。其利用 D-S 证据理论把各偏差分量的可信度向上聚集，构建面向装配产品的仿真数据可信度评定与校验数学模型，将每一个偏差分量获取的可信度信息转化为对整个仿真模型判决的证据。最后依据仿真数据综合可信度对仿真模型的可信度进行评价。

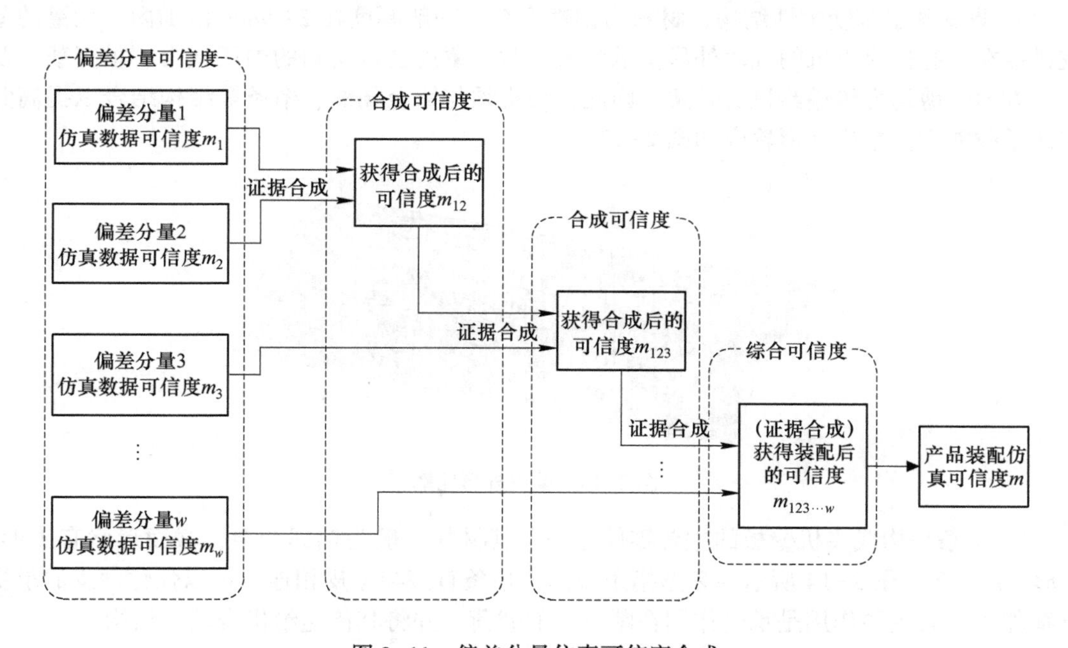

图 2-11　偏差分量仿真可信度合成

2.3.5.3　装配偏差仿真模型可信度评价案例分析

机身是一架飞机的主要组成部分，占据了飞机总质量的 30%~40%，提高机身装配质量与装配效率可以有效提升整机的装配质量并减小生产周期。飞机壁板件是构成飞机机身的主要承力结构，其由许多刚性较小的钣金件构成，装配过程中比较容易出现弹性变形。因此，本节选取某型号飞机机身的中上壁板为研究对象，验证本节提出的飞机结构件装配偏差仿真模型可信度评价方法的可行性。

(1) 壁板模型构建

①机身壁板件结构组成

该机身中上壁板由蒙皮、桁条、钣金隔框、桁条连接件及角片经过一系列装配工艺铆接而成，其结构如图 2-12 所示。

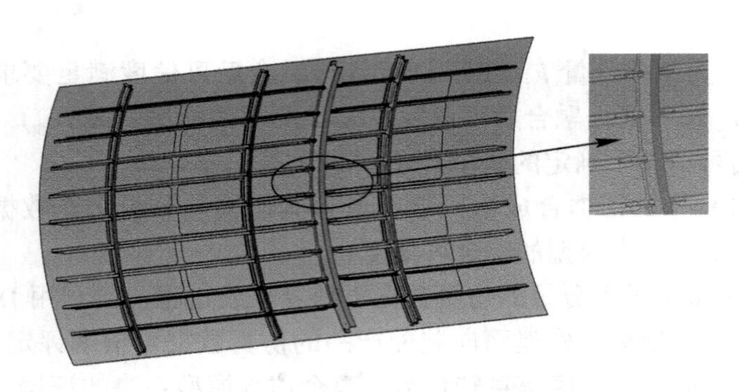

图 2-12　某型号飞机机身的中上壁板

a. 蒙皮属于薄壁柔性结构，材料为铝锂合金，一般厚度在 2~5mm 范围内，大量的蒙皮拼接在一起构成飞机的气动外形。承受载荷时，蒙皮会将受到的内压载力、垂直载力及水平方向的剪切力传递给机身骨架，因此，蒙皮须与钣金隔框、桁条等结构结合以提高蒙皮的承载能力。蒙皮外形轮廓如图 2-13 所示。

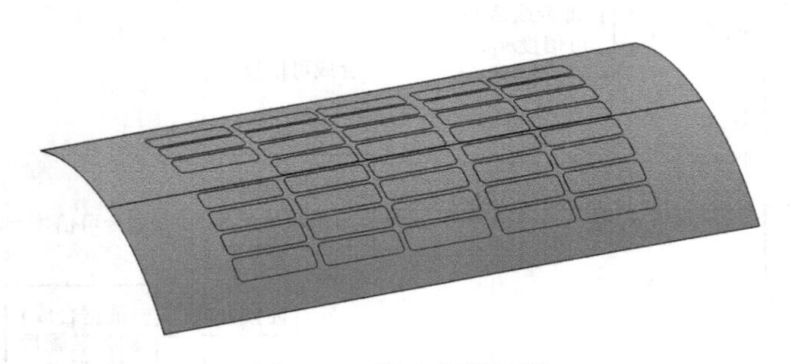

图 2-13　蒙皮外形轮廓

b. 桁条是构成飞机壁板的主要零件之一，其材料一般为铝锂合金，截面形状有工形、L 形、Z 形等。图 2-14 所示为 Z 形桁条截面。桁条直接与蒙皮相连，可以强化蒙皮的承受载荷能力，其主要作用是承受作用在蒙皮上的载荷，并将其传递给机身其他结构。

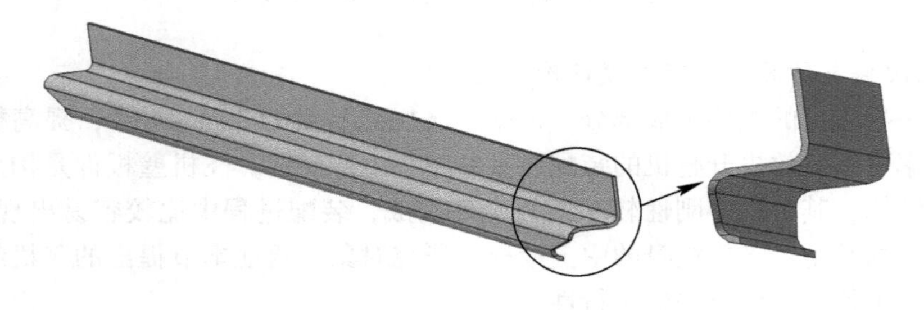

图 2-14　桁条外形轮廓

c. 钣金隔框也是构成飞机壁板的主要零件之一，其材料一般为铝合金，钣金隔框按照结构可以分为普通钣金隔框与加强钣金隔框。图 2–15 所示为普通钣金隔框的外形轮廓，其截面为 Z 形，图 2–16 所示为加强钣金隔框的外形轮廓。钣金隔框与蒙皮铆接，能够支撑蒙皮，用来维持机身外形、缩短桁条的长度、增强壁板刚性，以保持飞机机体的整体强度。

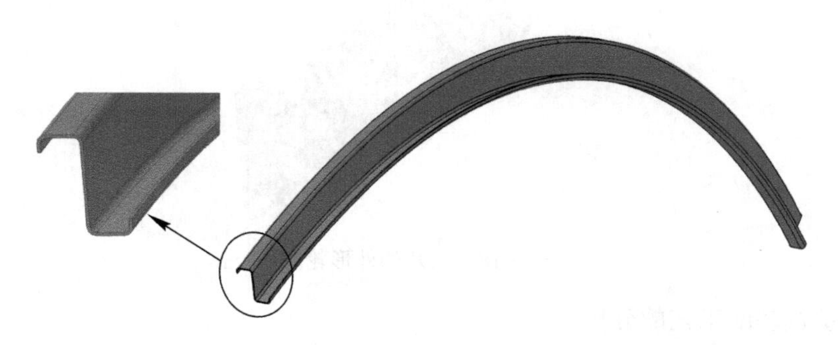

图 2–15　普通钣金隔框的外形轮廓

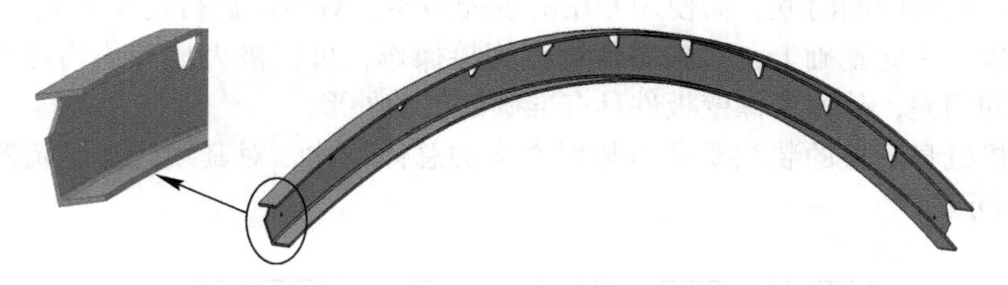

图 2–16　加强钣金隔框的外形轮廓

d. 桁条接头是飞机壁板的一种重要连接件，主要用于桁条与加强框连接处，一般按照与桁条等强度原则进行加强设计。由于材料生产限制等的约束，飞机机身壁板桁条一般是由几段桁条连接而成的，桁条接头起到连接的作用，连接后的桁条可以当作未分段的整根桁条对待。图 2–17 所示为桁条接头的外形轮廓。

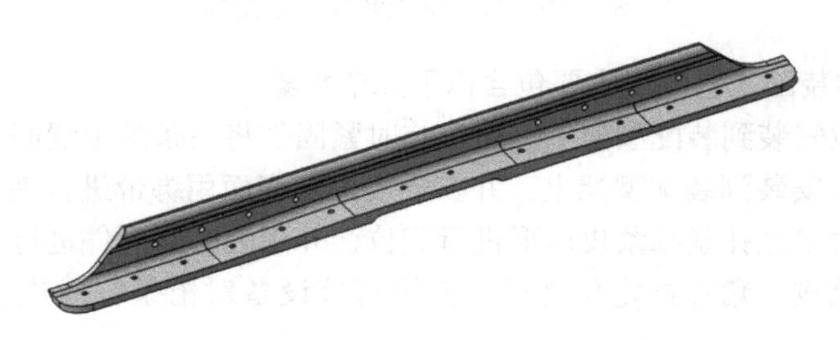

图 2–17　桁条接头的外形轮廓

e. 角片的材料一般为铝合金，厚度在 2mm 左右。图 2–18 所示为角片的外形轮廓。角片分别与蒙皮、桁条及钣金隔框连接，主要作用是将壁板垂直方向上的载荷传递给钣金隔框，使飞机壁板具有较强的抗弯与抗剪能力，同时有助于桁条的分布排列。

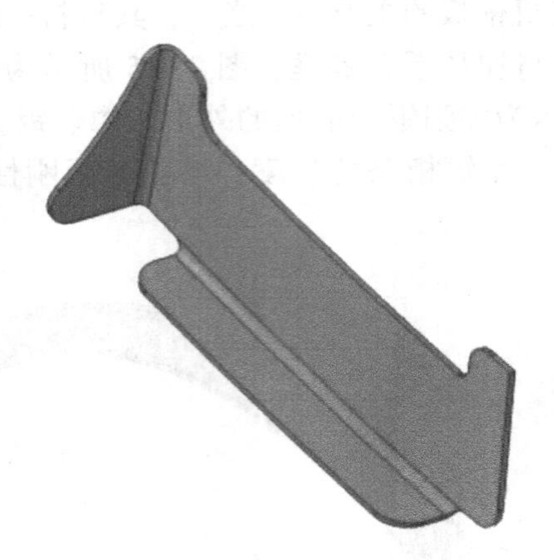

图 2-18　角片的外形轮廓

②机身壁板装配工艺的分析

飞机机身壁板件是由大量的弱刚性钣金件通过一系列的装配工艺进行铆接而成的。其中，由于蒙皮的尺寸比较大且属于薄壁结构，在装配过程中容易发生弹性变形而造成装配超差。因此，在装配的时候，需使用专用的装配型架，对零件进行定位夹紧，以确定各零件的相对位置。在此基础上，对各零件进行铆接操作，可以极大地减小由零件定位误差、变形等引入的偏差，从而确保壁板件具有准确的气动外形。

依据飞机机身壁板的装配要求与装配方案的总体结构，对其装配工艺流程进行设计，如图 2-19 所示。

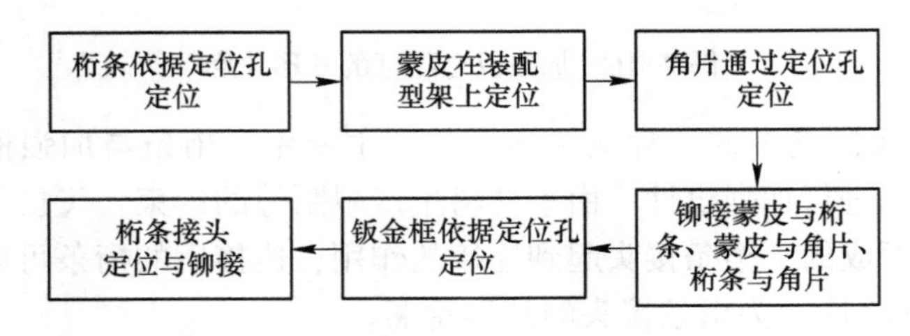

图 2-19　机身壁板装配工艺流程

飞机壁板件的装配工艺流程主要包含以下几个步骤。

a. 将桁条定位安装到装配型架上，通过临时紧固件将桁条的位置固定。

b. 将蒙皮定位安装到装配型架上，并在蒙皮的外表面用绑带进行夹紧。

c. 将角片通过定位孔紧靠蒙皮内形进行定位，并用临时紧固件进行夹紧。

d. 在桁条、蒙皮、角片都定位之后，使用铆接设备对桁条与蒙皮、角片与蒙皮、角片与桁条铆接。

e. 将钣金隔框依据定位孔定位到相应的角片上并临时紧固。

f. 使用桁条接头连接两段桁条并进行铆接。

飞机壁板装配完成后，图 2-20 所示为角片、桁条、蒙皮及钣金隔框连接处结构，图 2-21 所示为桁条接头与桁条连接处结构。

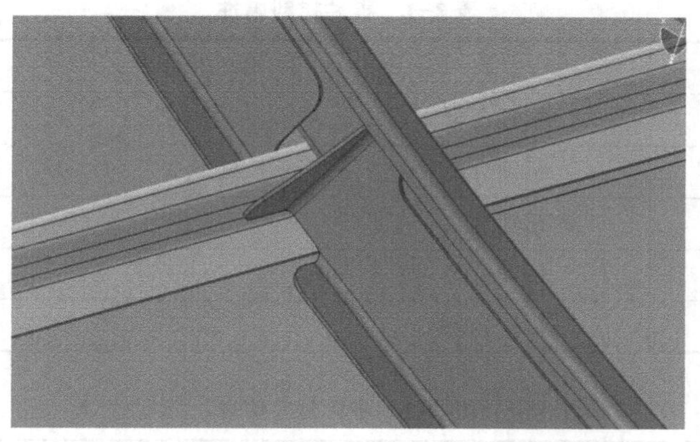

图 2-20　角片、桁条、蒙皮及钣金隔框连接处

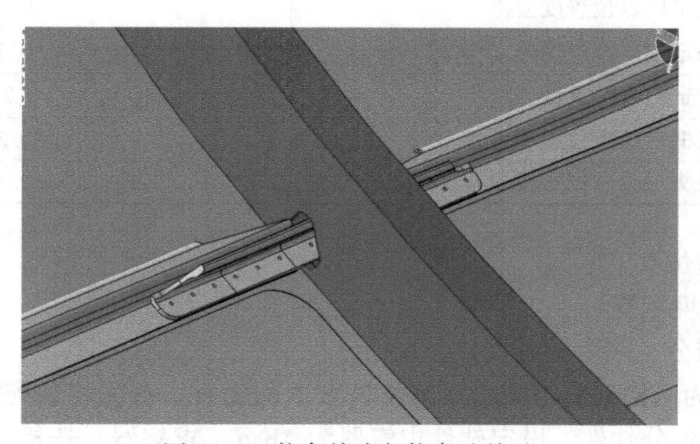

图 2-21　桁条接头与桁条连接处

③装配公差信息的获取

在进行飞机壁板装配之前，应该重点分析该壁板件的装配工艺信息，并获取各零件的偏差信息。当前，在飞机壁板的装配过程中需要综合考虑分析各零件自身的制造偏差、工装夹具定位偏差及装配工艺方案等信息。主要对以下几个方面进行分析。

a. 依据飞机壁板装配工艺信息，采集各零件外形、尺寸偏差，同时应考虑零件加工工艺信息，获取零件自身制造偏差等信息。充分挖掘零件公差信息，可以有效地提高偏差信息的准确度。

b. 工装夹具定位方案的不同对飞机壁板装配质量的影响：工装夹具制造偏差直接影响装配零件的定位，从而直接影响飞机结构件装配质量。

c. 装配工艺方案的不同对飞机壁板装配质量的影响：不同的定位方式、装配顺序、铆接力大小等因素均会影响飞机壁板装配质量。

以某型号飞机中机身的中上壁板为研究对象，该壁板是由蒙皮、桁条、钣金隔框、角片及桁条接头按照一定的工艺流程装配而成，各装配零件材料属性见表 2-1。依据《航空制造工程手册：飞机装配》与实际设计过程公差规则，设定飞机壁板组成零件的公差信息见表 2-2。

表 2-1 零件材料属性

名称	材料	弹性模量/Pa	泊松比
蒙皮	铝锂合金	2×10^{11}	0.266
桁条	铝锂合金	2×10^{11}	0.266
钣金隔框	铝锂合金	2×10^{11}	0.266
角片	铝锂合金	2×10^{11}	0.266
桁条接头	铝锂合金	2×10^{11}	0.266

表 2-2 零件公差信息 mm

名 称	公 差
蒙皮定位点位置度公差	±0.1
桁条定位点位置度公差	±0.2
角片定位点位置度公差	±0.25
钣金隔框定位点位置度公差	±0.3
桁条接头定位点位置度公差	±0.3

（2）装配偏差仿真

①装配仿真环境配置

a. 获取网格划分与刚度矩阵文件。

图 2-22 所示为网格划分与刚度矩阵文件获取的流程。首先将装配零件的三维数模导入 HyperMesh 网格划分软件，设定软件求解器为 Abaqus 求解器，选择 Standard3D 模块后，加载装配零件的程序与模型。然后，处理曲面特征，抽取薄壁结构中面，将装配过程中所需使用到的点映射到曲面上，使得特征点均位于网格的节点上。其次，为装配零件赋予相同的材料属性，其中弹性模量为 2×10^{11}，泊松比为 0.266，密度为 7860kg/m^3，在此基础上进行网格划分。再次，将赋予材料的装配零件导入 3DCS 矩阵文件求解器，求解各装配零件的刚度矩阵文件。最后，将网格文件与刚度矩阵文件加载到装配零件上，作为零件装配变形的依据。

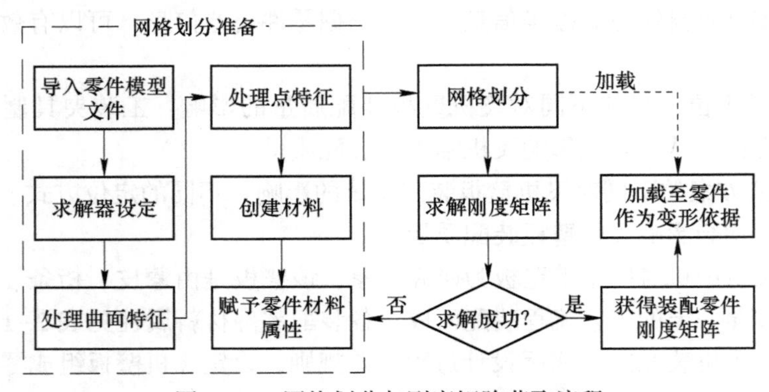

图 2-22 网格划分与刚度矩阵获取流程

b. 模型的输入与配置。

通过 Abaqus 软件分别对蒙皮、钣金隔框、桁条等模拟件进行网格划分并定义材料属性。为减少仿真运算时间，将蒙皮、钣金隔框、桁条的单元类型均设置为 C3D10，并且赋予相同的材料属性。其中弹性模量为 2×10^{11}Pa，泊松比为 0.266，密度为 7860kg/m^3，延展性为 1.17×10^{-5}。对得到的网格文件按照 3DCS 的要求进行修改后，如图 2-23 所示，利用 3DCS 的 StiffGen 功能计算每个模拟件的缩减刚度矩阵，正确的刚度矩阵文件示意如图 2-24 所示。

```
*Heading
    *Node
      1, 30.0231972, -9.85882378, 3150.
      2, 30.0231972, -9.85882378, 0.
      3, 30.009079, -6.85885668, 0.
      ⋮
  6701, 30.0161381, -8.35883999, 3100.1582
  *Element, type=C3D10
      1, 773, 1114, 1088, 1089, 1224, 1223, 1222, 1226, 1225, 1227
      2, 771, 355, 1115, 354, 1230, 1229, 1228, 1232, 1231, 1233
      3, 1116, 748, 377, 749, 1236, 1235, 1234, 1238, 1237, 1239
      ⋮
  3149, 325, 1142, 14, 958, 1733, 6699, 5716, 1740, 1738, 5717
  *Nset, nset=DCSAset, generate
1, 6701, 1
  *Elset, elset=NCHU, generate
1, 3149, 1
  *Solid Section, elset=NCHU, material=Steel
  *Material, name=Steel
  *Density
7860.,
  *Elastic
    2e+11, 0.266
  *Expansion
    1.17e-05,
```

图 2-23　网格文件示意图

c. 装配过程的设定。

装配过程中各零件的装配顺序、工装夹具定位方式等会对分析结果产生很大的影响。3DCS 依据 MOVE 指令完成零件的装配，并控制零件处于正确的空间位置。完全自由的零件拥有 6 个自由度，分别为在空间坐标系三个轴方向的移动及绕这三条轴的转动。当零件装配完成后，若零件仍然可以移动，则表明零件只是部分自由度被约束。相反，若零件被装配后完全不能移动，则表明零件 6 个自由度均被约束。

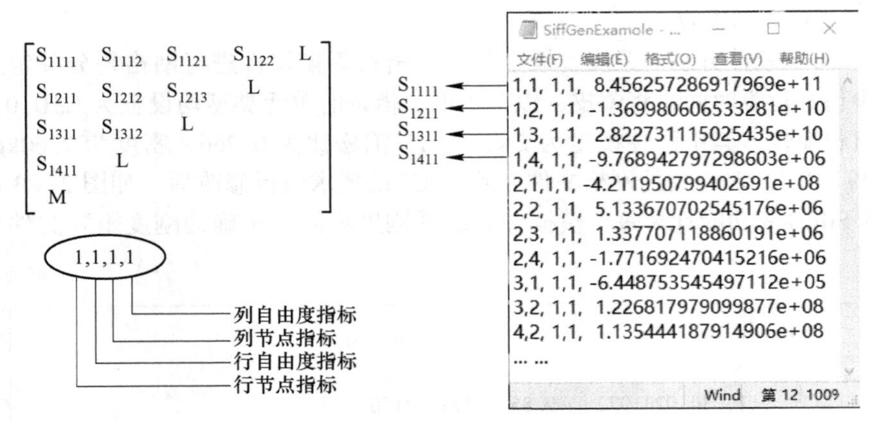

图 2-24　刚度矩阵文件

在进行铆接前，应该对零件进行定位，即将零件固定在相对理论位置。3DCS 根据装配要求的不同，将装配方式分为三点装配、阶梯面装配、六面装配等。三点装配是其中最简单的装配方式，但要求定位特征要在同一个平面内；六面装配复杂一点但要求相对较少，主定位面可以不是平面；阶梯面装配与六面装配相似，但是要求主定位面相互平行。

本案例选取六面装配方式，将各装配零件定位到装配型架上。图 2-25 所示为 3DCS 装配设定界面。

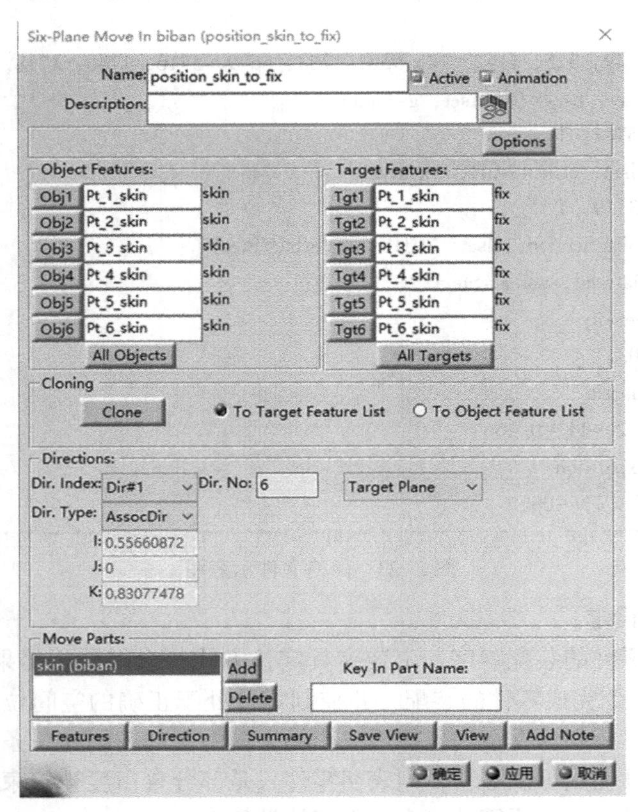

图 2-25　装配零件定位设定界面

d. 关键控制点的设定与测量。

当前，虽然数字化测量与检测设备有所发展，但依旧很难通过仪器直接检测出飞机壁板蒙皮的外形轮廓度。因此，为检测飞机壁板件装配质量，需要在壁板上布设关键控制点作为检测壁板装配质量的测量点。将这些关键控制点作为飞机壁板装配质量的偏差分量，通过这些关键控制点的偏差来表征整个壁板的装配质量。依据飞机壁板装配性能与装配质量要求，如图 2-26 所示，本案例将飞机壁板关键控制点均匀地、等距离地布设在飞机壁板蒙皮中线及两侧。

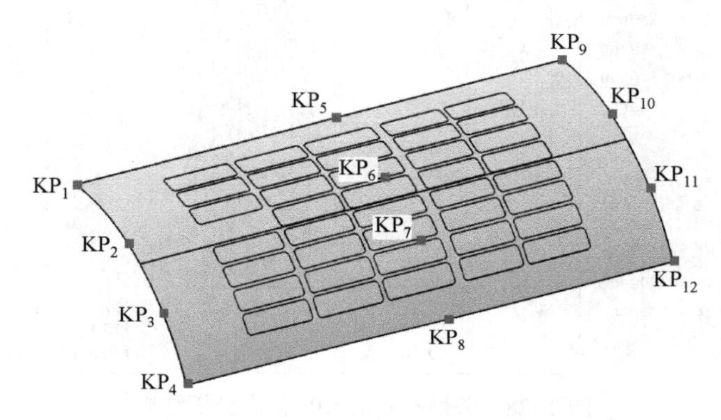

图 2-26　飞机壁板关键控制点布设

e. 装配仿真参数设定。

柔性装配仿真流程如下：首先将计算得到的网格文件与刚度矩阵文件依次加载到各装配零件中作为零件变形的基础。然后使用 Clamp 指令将各装配零件安装定位到装配工装上并夹紧各装配零件，使用 Join 指令模拟铆接装配，将桁条、角片依次铆接到蒙皮上，将钣金隔框与角片进行铆接，将桁条接头与桁条铆接。接着，松开各个零件的夹紧与定位，此时壁板装配件会发生变形回弹。最后依据蒙特卡罗分析方法，进行共 2000 次的虚拟装配，统计并分析装配偏差仿真结果。仿真参数设置如图 2-27 所示。

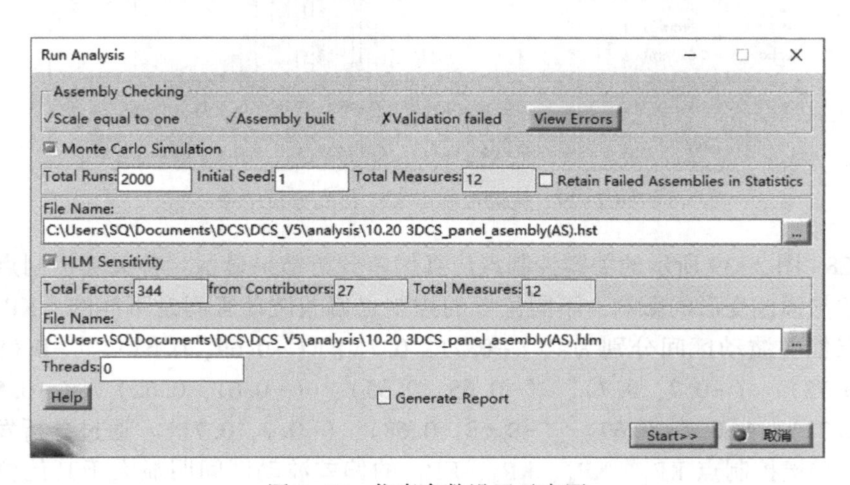

图 2-27　仿真参数设置示意图

②装配仿真结果分析

依据表 2-2 中零件公差信息，依次将相应的装配零件进行设置，再依次设置关键控制点 $KP_1 \sim KP_{12}$ 的装配容差范围。3DCS 仿真软件在运行完设定的装配次数要求后，自动生成各控制点的偏差分析结果报告，仿真结果如图 2-28～图 2-39 所示。

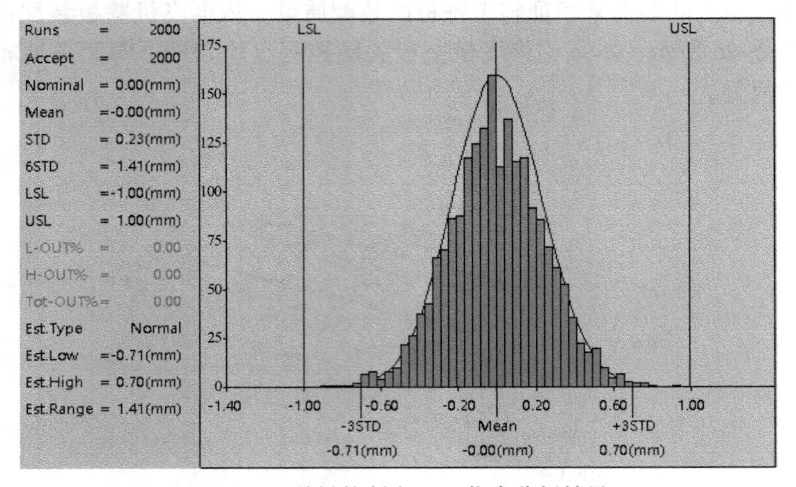

图 2-28　关键控制点 KP_1 仿真分析结果

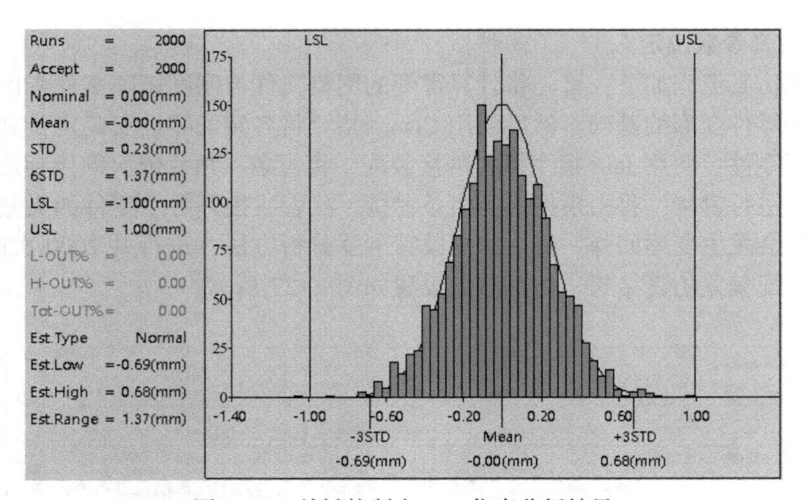

图 2-29　关键控制点 KP_2 仿真分析结果

图 2-28～图 2-39 所示的关键控制点仿真偏差分析结果显示：各关键控制点受各装配零件的偏差与弹性变形的影响，不同位置的控制点偏差波动区间是不同的。$KP_1 \sim KP_{12}$ 的关键控制点偏差波动区间分别为：（-0.71，0.7）、（-0.69，0.68）（-0.68，0.68）、（-0.72，0.72）、（-0.7，0.7）、（-0.65，0.65）、（-0.61，0.62）、（-0.59，0.6）、（-0.73，0.72）、（-0.7，0.69）、（-0.68，0.68）、（-0.7，0.71）。通过分析发现，靠近边缘的 4 个关键控制点 KP_1、KP_4、KP_9、KP_{12} 的偏差波动区间明显大于其他位置的关键控制点，表明越靠近边缘的地方零件变形回弹越严重，与实际情况相符。

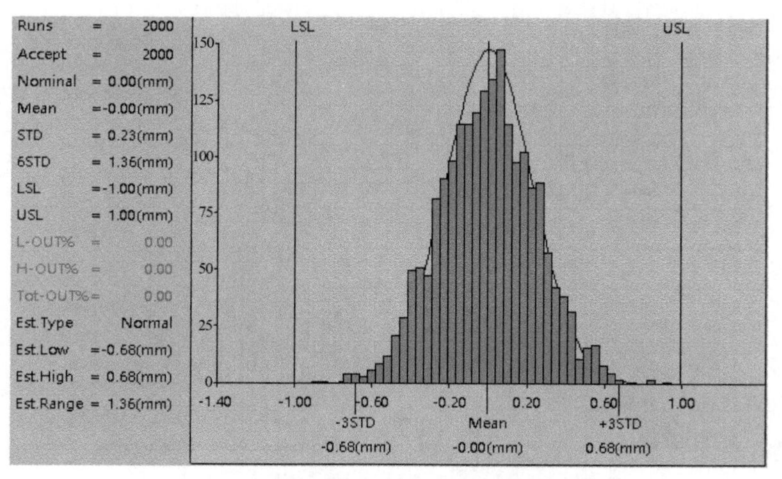

图 2-30　关键控制点 KP_3 仿真分析结果

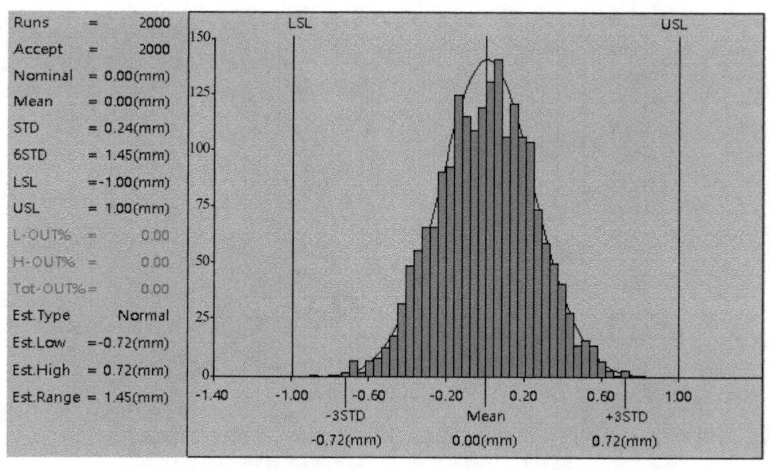

图 2-31　关键控制点 KP_4 仿真分析结果

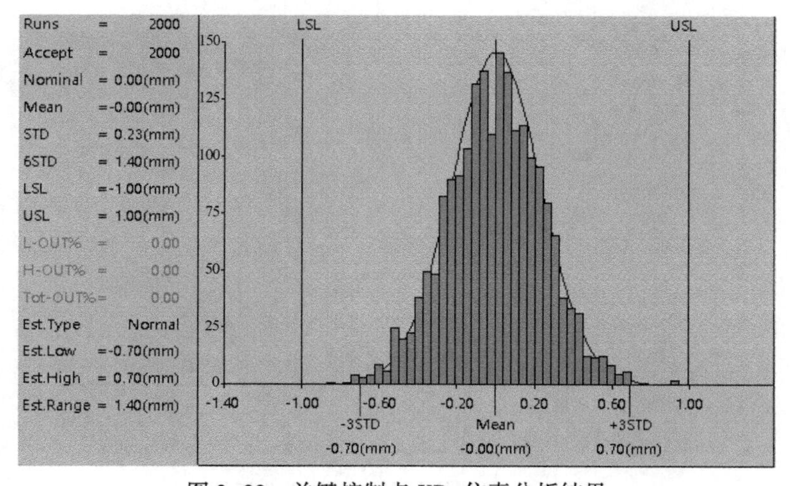

图 2-32　关键控制点 KP_5 仿真分析结果

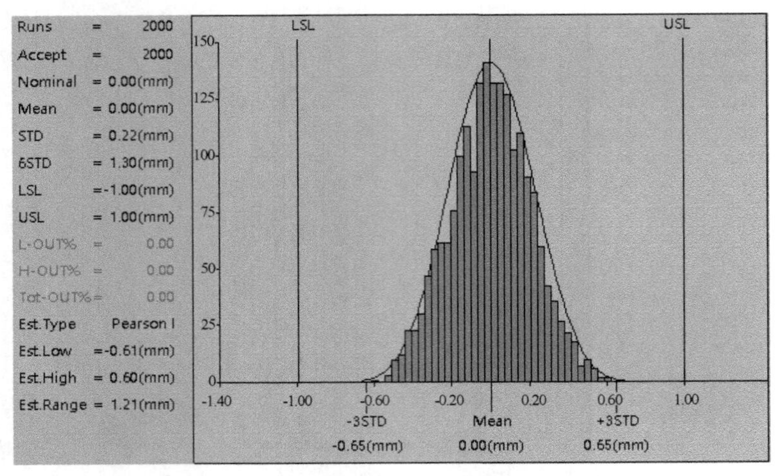

图 2-33　关键控制点 KP_6 仿真分析结果

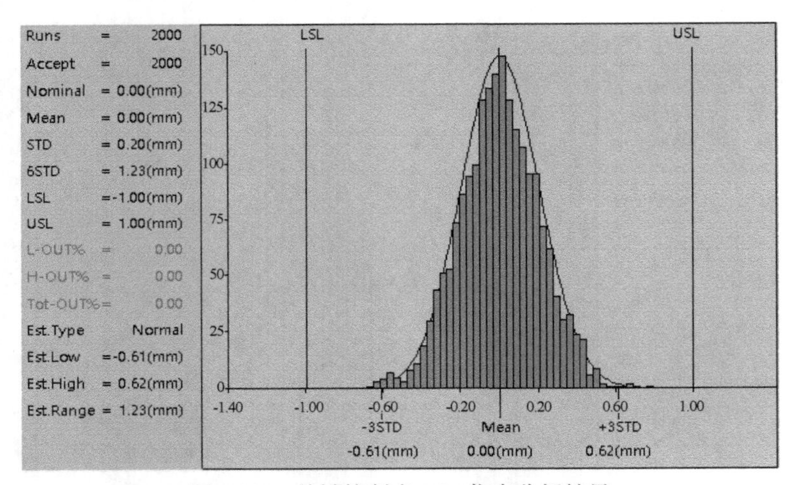

图 2-34　关键控制点 KP_7 仿真分析结果

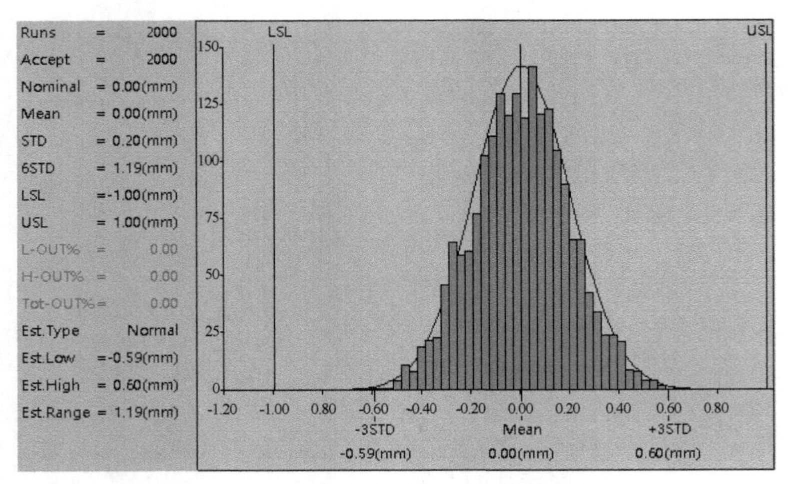

图 2-35　关键控制点 KP_8 仿真分析结果

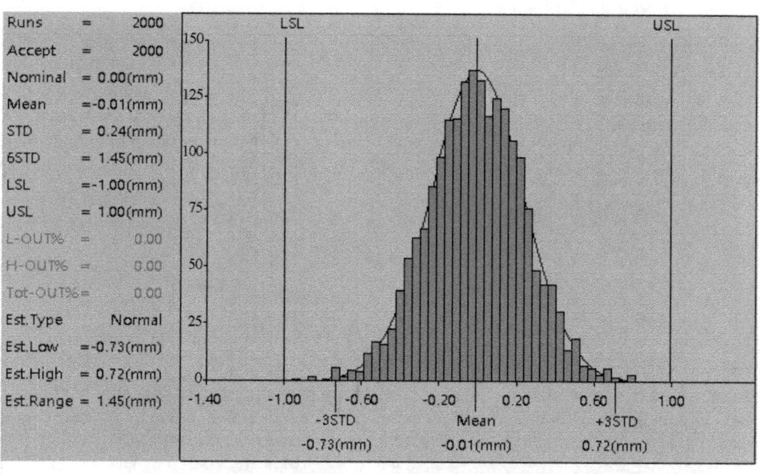

图 2-36　关键控制点 KP_9 仿真分析结果

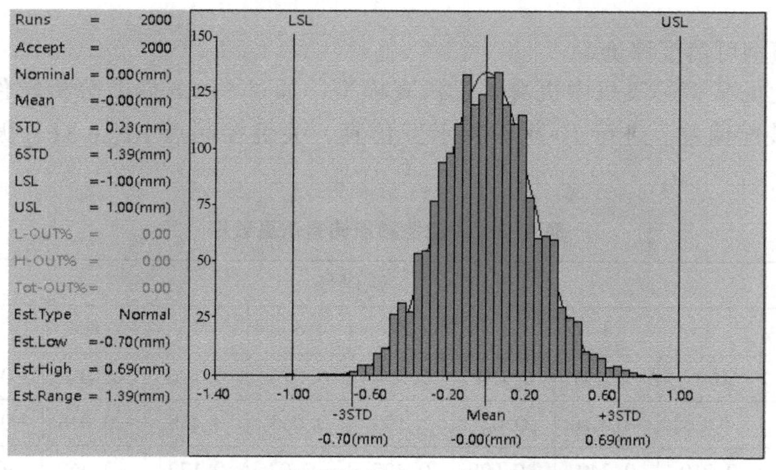

图 2-37　关键控制点 KP_{10} 仿真分析结果

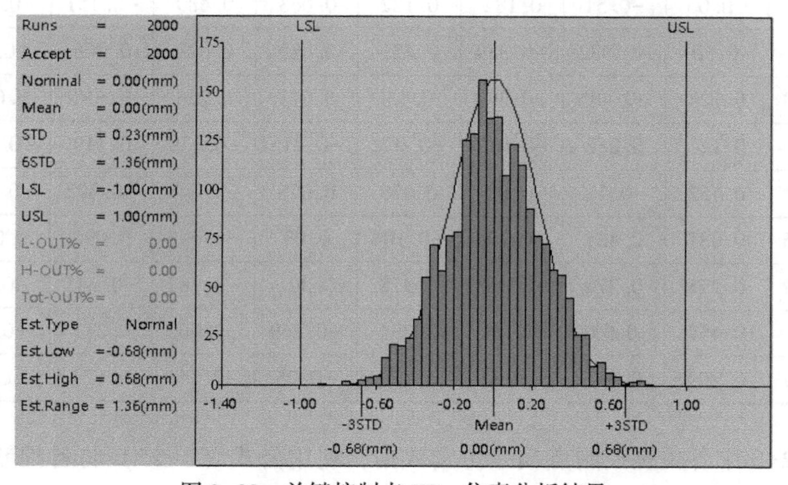

图 2-38　关键控制点 KP_{11} 仿真分析结果

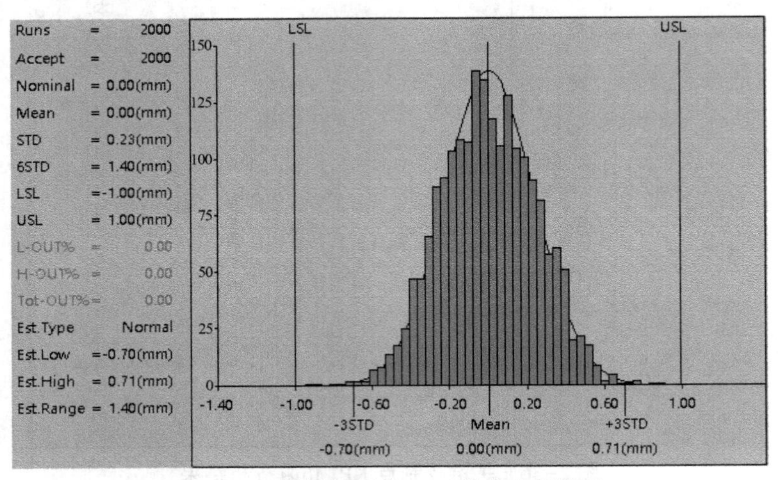

图 2-39　关键控制点 KP_{12} 仿真分析结果

③仿真模型可信度评价

基于构建的某型号飞机中机身壁板仿真模型，通过 3DCS 偏差分析软件，分析壁板关键控制点装配偏差。进行 10 次蒙特卡罗仿真，关键控制点 $KP_1 \sim KP_{12}$ 偏差仿真数据见表 2-3。

表 2-3　关键控制点偏差仿真数据　　mm

控制点	次序号									
	1	2	3	4	5	6	7	8	9	10
KP_1	0. 132	0. 1	−0. 541	0. 154	0. 534	0. 076	0. 196	0. 013	−0. 066	−0. 163
KP_2	0. 129	−0. 062	−0. 078	0. 02	0. 193	0. 053	0. 438	−0. 018	−0. 497	0. 008
KP_3	0. 271	0. 019	0. 249	−0. 079	0. 495	−0. 02	0. 172	−0. 462	−0. 36	−0. 227
KP_4	0. 02	−0. 06	−0. 51	0. 182	0. 122	0. 063	0. 489	−0. 151	−0. 058	−0. 015
KP_5	0. 185	−0. 501	−0. 332	−0. 359	0. 451	0. 087	0. 021	0. 066	−0. 06	0. 112
KP_6	−0. 003	0. 124	−0. 485	−0. 392	0. 13	0. 071	0. 236	−0. 042	0. 007	0. 466
KP_7	0. 186	0. 121	0. 068	−0. 077	−0. 002	−0. 215	−0. 139	0. 119	−0. 477	0. 473
KP_8	0. 171	0. 452	0. 1	−0. 024	0. 078	0. 078	−0. 048	−0. 302	−0. 456	0. 073
KP_9	−0. 255	0. 087	0. 485	−0. 298	−0. 104	0. 03	−0. 496	0. 096	0. 088	−0. 115
KP_{10}	−0. 062	0. 295	0. 279	−0. 388	0. 378	0. 301	−0. 287	−0. 341	−0. 02	0. 142
KP_{11}	0. 132	0. 457	0. 35	−0. 024	0. 234	−0. 269	−0. 002	0. 317	−0. 45	0. 008
KP_{12}	−0. 087	0. 269	0. 531	−0. 51	0. 156	−0. 25	−0. 343	0. 174	−0. 218	0. 342

依据表 2-3 中各关键控制点偏差仿真数据，利用公式（2-25）将各控制点偏差仿真数据转化为区间数形式，见表 2-4。

表 2-4　关键控制点偏差仿真区间数　mm

控制点	偏差区间数	控制点	偏差区间数	控制点	偏差区间数
KP_1	(−0.541，0.534)	KP_5	(−0.501，0.451)	KP_9	(−0.496，0.485)
KP_2	(−0.497，0.438)	KP_6	(−0.485，0.466)	KP_{10}	(−0.388，0.378)
KP_3	(−0.462，0.495)	KP_7	(−0.477，0.473)	KP_{11}	(−0.450，0.457)
KP_4	(−0.510，0.489)	KP_8	(−0.456，0.452)	KP_{12}	(−0.510，0.531)

采集 10 架次飞机壁板装配偏差，各关键控制点偏差实测数据见表 2-5。

表 2-5　关键控制点偏差实测数据　mm

控制点	次序号									
	1	2	3	4	5	6	7	8	9	10
KP_1	−0.181	−0.066	−0.001	0.187	0.091	0.519	0.152	−0.555	0.092	0.147
KP_2	0.006	−0.517	−0.030	0.460	0.057	0.188	0.022	−0.103	−0.056	0.139
KP_3	−0.231	−0.384	−0.441	0.159	−0.040	0.498	−0.083	0.247	0.038	0.293
KP_4	−0.005	−0.064	−0.145	0.491	0.058	0.136	0.193	−0.490	−0.069	−0.004
KP_5	0.120	−0.038	0.077	0.034	0.070	0.471	−0.382	−0.313	−0.500	0.179
KP_6	0.480	0.017	−0.043	0.225	0.057	0.111	−0.400	−0.501	0.114	0.003
KP_7	0.458	−0.467	0.117	−0.118	−0.215	−0.003	−0.080	0.082	0.103	0.210
KP_8	0.084	−0.467	−0.285	−0.069	0.096	0.090	−0.038	0.113	0.437	0.165
KP_9	−0.125	0.080	0.080	−0.484	0.036	−0.117	−0.290	0.494	0.090	−0.273
KP_{10}	0.125	−0.036	−0.354	−0.299	0.309	0.390	−0.365	0.279	0.295	−0.083
KP_{11}	0.021	−0.449	0.302	−0.009	−0.267	0.210	0.001	0.346	0.444	0.116
KP_{12}	0.325	−0.241	0.157	−0.357	−0.257	0.139	−0.502	0.537	0.281	−0.074

利用公式（2-25），将各关键控制点偏差实测数据转化为区间数形式，转化结果见表 2-6。

表 2-6　偏差实测数据区间数　mm

控制点	偏差区间数	控制点	偏差区间数	控制点	偏差区间数
KP_1	(−0.555，0.519)	KP_5	(−0.500，0.471)	KP_9	(−0.484，0.494)
KP_2	(−0.517，0.460)	KP_6	(−0.501，0.480)	KP_{10}	(−0.365，0.390)
KP_3	(−0.441，0.498)	KP_7	(−0.467，0.458)	KP_{11}	(−0.449，0.444)
KP_4	(−0.490，0.491)	KP_8	(−0.467，0.437)	KP_{12}	(−0.502，0.537)

依据式（2-32）与式（2-33），计算该结构件各关键控制点仿真数据与实测数据间的区间数关联度，计算结果见表 2-7。

表 2-7　关键控制点偏差的仿真数据与实测数据的区间数关联度

控制点	KP_1	KP_2	KP_3	KP_4	KP_5	KP_6
关联度	0.973	0.957	0.958	0.961	0.961	0.969
控制点	KP_7	KP_8	KP_9	KP_{10}	KP_{11}	KP_{12}
关联度	0.970	0.969	0.976	0.943	0.971	0.986

利用熵权法计算各关键控制点重要度权重，计算结果见表 2-8。

表 2-8　关键控制点重要度权重

控制点	KP_1	KP_2	KP_3	KP_4	KP_5	KP_6
重要度	0.059	0.057	0.108	0.063	0.092	0.080
控制点	KP_7	KP_8	KP_9	KP_{10}	KP_{11}	KP_{12}
重要度	0.069	0.069	0.087	0.140	0.073	0.102

利用各关键控制点重要度权重对其区间数关联度赋权，得到包含权重的区间数关联度见表 2-9。

表 2-9　赋权的区间数关联度

控制点	KP_1	KP_2	KP_3	KP_4	KP_5	KP_6
关联度	0.057	0.055	0.104	0.061	0.089	0.078
控制点	KP_7	KP_8	KP_9	KP_{10}	KP_{11}	KP_{12}
关联度	0.067	0.067	0.085	0.132	0.071	0.101

将仿真模型可信度识别框架定义为｛可信度满足要求，可信度不满足要求，不确定｝=｛c_1，c_2，c_3｝，聘请专家对各偏差分量仿真可信度进行评估。依据包含权重的仿真数据与实测数据间的区间数关联度，构建基于专家知识的概率分配矩阵

$$\boldsymbol{M} = \begin{bmatrix} 0.3 & 0.3 & 0.6 & 0.4 & 0.5 & 0.5 & 0.4 & 0.4 & 0.5 & 0.8 & 0.5 & 0.6 \\ 0.4 & 0.4 & 0.2 & 0.4 & 0.4 & 0.3 & 0.4 & 0.4 & 0.2 & 0.1 & 0.4 & 0.2 \\ 0.3 & 0.3 & 0.2 & 0.2 & 0.1 & 0.2 & 0.2 & 0.2 & 0.3 & 0.1 & 0.1 & 0.2 \end{bmatrix}^{\mathrm{T}}$$

依据式（2-39）~式（2-41），将各关键控制点的仿真数据可信度进行融合，获得该壁板装配偏差分仿真模型综合可信度

$$m = \begin{cases} m(c_1) = 0.977 \\ m(c_2) = 0.022 \\ m(c_3) = 0.001 \end{cases}$$

综合各关键控制点仿真模型可信度，计算得到该机身中上壁板装配偏差仿真模型可信度满足要求的概率为 97.7%。因此，有足够理由说明该壁板装配偏差仿真模型可信度满足要求。

2.4　案例分析

2.4.1　装配粗差仿真

以某型飞机右上壁板装配为研究对象，通过显著增大铆接力致使在装配过程中产生异常变形，形成粗差源，导致装配粗差。仿真模型的可信度依据本章所述评价方法进行评价，后续案例均采用该方法，不再赘述。该型号飞机前机身右上壁板由表 2-10 所示的变曲率蒙皮、钣金隔框和桁条组成，零件尺寸分别如图 2-40～图 2-42 所示，图 2-43 所示为该壁板的总体结构，该壁板各零件之间的连接方式为铆接。

表 2-10　某型飞机前机身右上壁板零件

名称	数量	形状	轮廓尺寸
蒙皮	1	曲面	3000mm×2000mm×3mm
桁条	9	L 形截面	3000mm×30mm×20mm×3mm
钣金隔框	3	C 形截面	2000mm×40mm×97mm×3mm

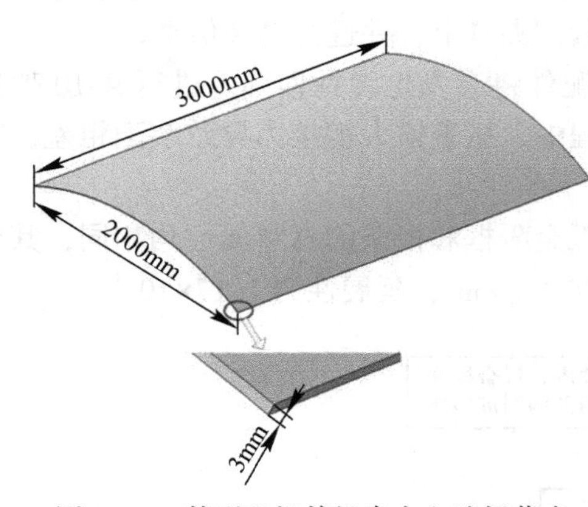

图 2-40　某型飞机前机身右上壁板蒙皮

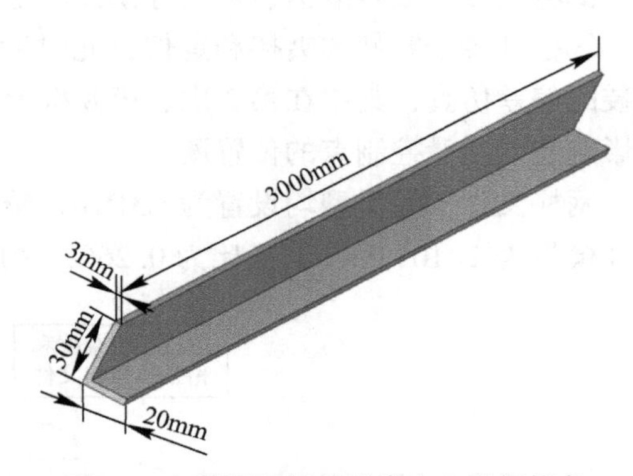

图 2-41　某型飞机前机身右上壁板桁条

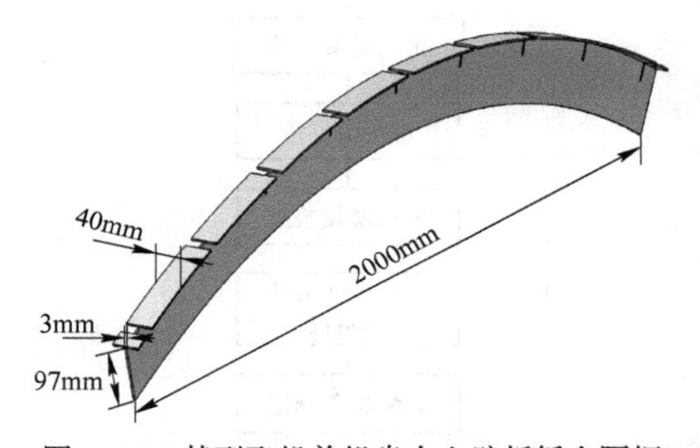

图 2-42　某型飞机前机身右上壁板钣金隔框

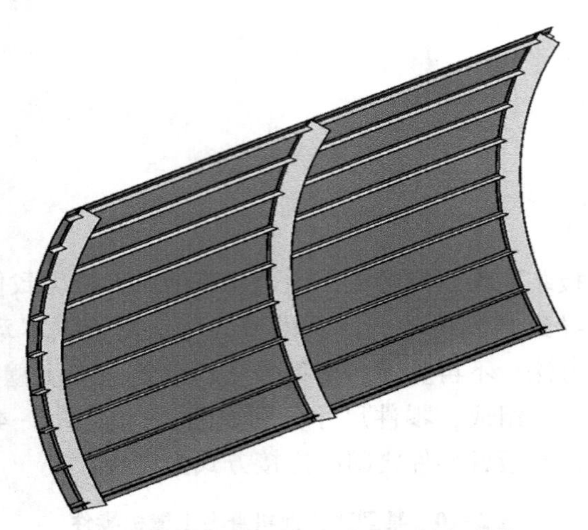

图 2-43　某型飞机前机身右上壁板结构

图 2-44 所示为利用 3DCS 软件进行右上壁板装配粗差仿真的流程。

①将蒙皮、钣金隔框和桁条的网格文件和缩减刚度矩阵分别加载到仿真模型中，作为计算变形的依据。

②将蒙皮、钣金隔框、桁条等模拟件定位夹紧到夹具上，并进行铆接仿真。

③松开各个零件的夹持和定位，此时壁板装配件将会发生弹性回弹。进行共 10 架次的装配偏差仿真，其中在第 3 次、第 8 次装配过程中，显著增大铆接力导致装配粗差，直接影响装配质量控制点的位置度。

网格文件单元类型均设置为 C3D10；蒙皮、钣金隔框和桁条的材料属性均相同，其中弹性模量为 2×10^{11}Pa，泊松比为 0.266，密度为 7860kg/m^3，延展性为 1.17×10^{-5}。

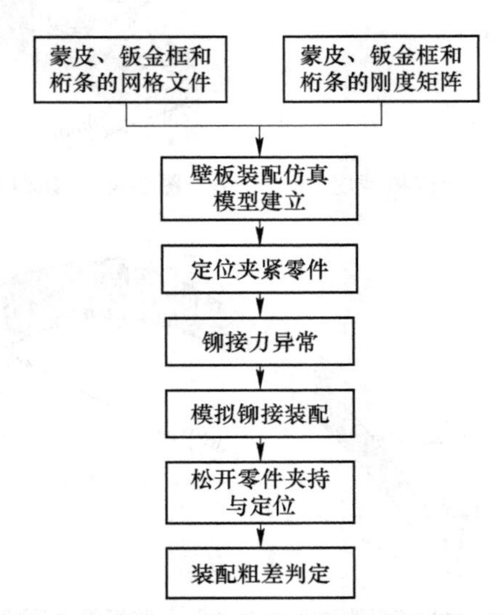

图 2-44　基于 3DCS 仿真分析的装配粗差仿真流程

实际工程中，控制点坐标偏差是判断飞机装配后外形偏差、部件间相对位置准确度等的重要指标。例如，飞机总装后，采用水平测量点偏差来表示飞机主要几何参数的误差。壁板的装配质量指标不仅包括各点的坐标偏差，还包括外形波纹度、表面平滑度等指标。因此，采用蒙皮外形关键控制点的形变量，即关键控制点形变后的位置与初始位置之间的距离，来表征该壁板的装配质量。依据右上壁板装配质量关键控制点的设计要求，关键控制点分布在蒙皮中线及外侧径向边缘起点处、1/3 处、2/3 处及终点处，共有 12 个关键控制点，图 2-45 所示为通过关键控制点 $KP_1 \sim KP_{12}$ 来表征壁板的装配质量的示意图。

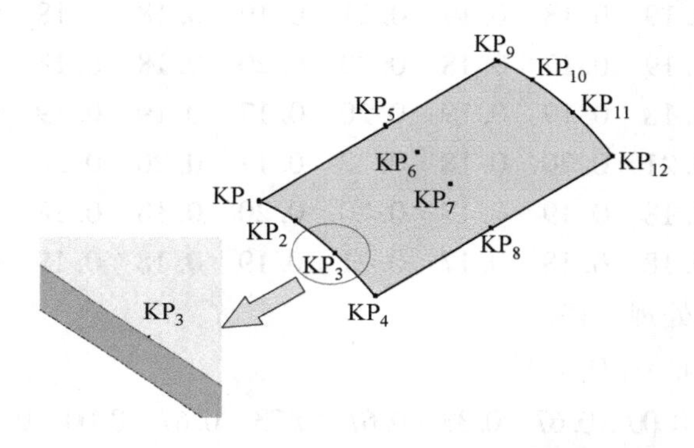

图 2-45 某型号飞机前机身右上壁板质量关键控制点

经仿真得到各关键控制点位置度偏差，见表 2-11。

表 2-11 关键控制点位置度偏差 mm

仿真次序	关键控制点											
	KP_1	KP_2	KP_3	KP_4	KP_5	KP_6	KP_7	KP_8	KP_9	KP_{10}	KP_{11}	KP_{12}
1	0.20	0.18	0.17	0.19	0.18	0.19	0.18	0.19	0.17	0.18	0.19	0.19
2	0.19	0.19	0.18	0.18	0.19	0.20	0.19	0.18	0.19	0.19	0.17	0.18
3	0.19	0.21	0.20	0.19	0.17	0.18	0.18	0.18	0.22	0.16	0.19	0.18
4	0.18	0.20	0.17	0.20	0.19	0.19	0.16	0.17	0.19	0.18	0.17	0.19
5	0.19	0.18	0.19	0.18	0.19	0.21	0.19	0.18	0.18	0.19	0.19	0.20
6	0.18	0.18	0.19	0.17	0.18	0.20	0.20	0.18	0.18	0.20	0.21	0.19
7	0.19	0.17	0.18	0.19	0.19	0.20	0.17	0.19	0.19	0.17	0.20	0.18
8	0.18	0.19	0.21	0.20	0.18	0.22	0.17	0.20	0.20	0.17	0.19	0.19
9	0.17	0.18	0.18	0.19	0.18	0.20	0.20	0.18	0.18	0.20	0.19	0.19
10	0.19	0.17	0.18	0.18	0.17	0.21	0.19	0.18	0.19	0.19	0.18	0.18

2.4.2 装配粗差判定

(1) 基于系统聚类的装配粗差预筛选

依据右上壁板各关键控制点的检测数据，构建控制点偏差矩阵

$$
\boldsymbol{D}_c = \begin{pmatrix}
0.20 & 0.18 & 0.17 & 0.19 & 0.18 & 0.19 & 0.18 & 0.19 & 0.17 & 0.18 & 0.19 & 0.19 \\
0.19 & 0.19 & 0.18 & 0.18 & 0.19 & 0.20 & 0.19 & 0.18 & 0.19 & 0.19 & 0.17 & 0.18 \\
0.19 & 0.21 & 0.20 & 0.19 & 0.17 & 0.18 & 0.18 & 0.18 & 0.22 & 0.16 & 0.19 & 0.18 \\
0.18 & 0.20 & 0.17 & 0.20 & 0.19 & 0.19 & 0.16 & 0.17 & 0.19 & 0.18 & 0.17 & 0.19 \\
0.19 & 0.18 & 0.19 & 0.18 & 0.19 & 0.21 & 0.19 & 0.18 & 0.18 & 0.19 & 0.19 & 0.20 \\
0.18 & 0.18 & 0.19 & 0.17 & 0.18 & 0.20 & 0.20 & 0.18 & 0.18 & 0.20 & 0.21 & 0.19 \\
0.19 & 0.17 & 0.18 & 0.19 & 0.19 & 0.20 & 0.17 & 0.19 & 0.19 & 0.17 & 0.20 & 0.18 \\
0.18 & 0.19 & 0.21 & 0.20 & 0.18 & 0.22 & 0.17 & 0.20 & 0.20 & 0.17 & 0.19 & 0.19 \\
0.17 & 0.18 & 0.18 & 0.19 & 0.18 & 0.20 & 0.20 & 0.18 & 0.18 & 0.20 & 0.19 & 0.19 \\
0.19 & 0.17 & 0.18 & 0.18 & 0.17 & 0.21 & 0.19 & 0.18 & 0.19 & 0.19 & 0.18 & 0.18
\end{pmatrix}
$$

对 $\boldsymbol{D}_c$ 进行标准化处理，得

$$
(\boldsymbol{D}_c)' = [(\boldsymbol{D}_{c1})'(\boldsymbol{D}_{c10})'\cdots(\boldsymbol{D}_c)']^T =
\begin{pmatrix}
1.00 & 0.33 & 0.00 & 0.67 & 0.33 & 0.67 & 0.33 & 0.67 & 0.00 & 0.33 & 0.67 & 0.67 \\
0.67 & 0.67 & 0.33 & 0.33 & 0.67 & 1.00 & 0.67 & 0.33 & 0.67 & 0.67 & 0.00 & 0.33 \\
0.50 & 0.83 & 0.67 & 0.50 & 0.17 & 0.33 & 0.17 & 0.33 & 1.00 & 0.00 & 0.50 & 0.33 \\
0.50 & 1.00 & 0.25 & 1.00 & 0.75 & 1.00 & 0.00 & 0.25 & 0.75 & 0.50 & 0.25 & 0.75 \\
0.33 & 0.00 & 0.33 & 0.00 & 0.33 & 1.00 & 0.33 & 0.00 & 0.00 & 0.33 & 0.33 & 0.67 \\
0.25 & 0.25 & 0.50 & 0.00 & 0.25 & 0.75 & 0.75 & 0.25 & 0.25 & 0.75 & 1.00 & 0.50 \\
0.67 & 0.00 & 0.33 & 0.67 & 0.67 & 1.00 & 0.00 & 0.67 & 0.67 & 0.00 & 1.00 & 0.33 \\
0.20 & 0.40 & 0.80 & 0.60 & 0.20 & 1.00 & 0.00 & 0.60 & 0.60 & 0.00 & 0.40 & 0.40 \\
0.00 & 0.33 & 0.33 & 0.67 & 0.33 & 1.00 & 1.00 & 0.33 & 0.33 & 1.00 & 0.67 & 0.67 \\
0.50 & 0.00 & 0.25 & 0.25 & 0.00 & 1.00 & 0.50 & 0.25 & 0.50 & 0.50 & 0.25 & 0.25
\end{pmatrix}
$$

对 $(\boldsymbol{D}_c)'$进行分组，分别是 G_1 为 $(\boldsymbol{D}_{c1})'$、G_2 为 $(\boldsymbol{D}_{c2})'$……依次类推，G_{10} 为 $(\boldsymbol{D}_{c10})'$。计算 $G_1 \sim G_{10}$ 的欧氏距离，见表 2-12。

表 2-12　$G_1 \sim G_{10}$ 的欧氏距离

类别	类别									
	G_1	G_2	G_3	G_4	G_5	G_6	G_7	G_8	G_9	G_{10}
G_1	—	1.96	1.71	1.49	1.33	1.41	1.20	1.46	1.52	1.28
G_2	1.96	—	1.39	1.48	1.33	1.39	1.04	1.58	1.29	1.04
G_3	1.71	1.39	—	1.34	1.71	1.61	1.43	1.01	1.84	1.44
G_4	1.49	1.48	1.34	—	1.73	1.87	1.20	1.32	1.61	1.64
G_5	1.33	1.33	1.71	1.73	—	1.05	1.53	1.34	1.37	0.87
G_6	1.41	1.39	1.61	1.87	1.05	—	1.56	1.51	0.94	1.09

表 2-12（续）

类别	类别									
	G_1	G_2	G_3	G_4	G_5	G_6	G_7	G_8	G_9	G_{10}
G_7	1.20	1.04	1.43	1.20	1.53	1.56	—	1.09	1.76	1.39
G_8	1.46	1.58	1.01	1.32	1.34	1.51	1.09	—	1.60	1.18
G_9	1.52	1.29	1.84	1.61	1.37	0.94	1.76	1.60	—	1.23
G_{10}	1.28	1.04	1.44	1.64	0.87	1.09	1.39	1.18	1.23	—

从表 2-12 可看出，G_5 和 G_{10} 两组数据之间距离最小，故两者之间的相似程度最大，因此，应将 G_5 和 G_{10} 聚为一类，记为 G_{510}。其余各组也依据距离大小一一进行聚类，其聚类结果分别为：G_1 和 G_7 聚为一类，记为 G_{17}；G_2 和 G_4 聚为一类，记为 G_{24}；G_3 和 G_8 聚为一类，记为 G_{38}；G_6 和 G_9 聚为一类，记为 G_{69}。

运用组平均连锁量化类 G_{17}、G_{24}、G_{38}、G_{510}、G_{69} 之间的欧氏距离，见表 2-13 所示。

表 2-13　G_{17}、G_{24}、G_{38}、G_{510}、G_{69} 之间的欧氏距离

类别	类别				
	G_{17}	G_{24}	G_{38}	G_{510}	G_{69}
G_{17}	—	1.40	1.43	1.38	1.57
G_{24}	1.40	—	1.42	1.44	1.54
G_{38}	1.43	1.42	—	1.42	1.64
G_{510}	1.38	1.44	1.42	—	1.19
G_{69}	1.57	1.54	1.64	1.19	—

从表 2-13 可看出，G_{69} 和 G_{510} 两类之间距离最小，将 G_{69} 和 G_{510} 聚为新的一类，记为 G_{69510}；G_{24} 和 G_{17} 两类数据之间的距离为 1.40，将 G_{24} 和 G_{79} 聚为新的一类，记为 G_{2479}。G_{38} 单独成一类。

再次计算 G_{69510}、G_{2479}、G_{38} 之间的欧氏距离，见表 2-14。

表 2-14　G_{69510}、G_{2479}、G_{38} 之间的欧氏距离

类别	类别		
	G_{69510}	G_{2479}	G_{38}
G_{69510}	—	1.48	1.53
G_{2479}	1.48	—	2.85
G_{38}	1.53	2.85	—

从表 2-14 可看出，G_{69510} 和 G_{2479} 两类之间距离最小，将 G_{69510} 和 G_{2479} 聚为新的一类，记为 $G_{695102479}$，G_{38} 单独成一类。由聚类分析结果可知，G_{38} 与其他类存在较大的差异，初步判定 G_{38} 类中可能含有粗差，即第 3 次仿真或者第 8 次仿真可能含有粗差。

（2）专家权重求解与置信区间修正

基于表2-11，引入三位专家依据其领域知识和经验给出的各关键控制点装配偏差的置信区间，见表2-15。

表 2-15　关键控制点装配偏差置信区间　　mm

关键控制点	专家一	专家二	专家三
KP_1	(-0.20, 0.20)	(-0.30, 0.30)	(-0.20, 0.20)
KP_2	(-0.15, 0.15)	(-0.20, 0.20)	(-0.30, 0.30)
KP_3	(-0.18, 0.18)	(-0.20, 0.20)	(-0.15, 0.15)
KP_4	(-0.25, 0.25)	(-0.18, 0.18)	(-0.20, 0.20)
KP_5	(-0.20, 0.20)	(-0.25, 0.25)	(-0.25, 0.25)
KP_6	(-0.25, 0.25)	(-0.15, 0.15)	(-0.20, 0.20)
KP_7	(-0.18, 0.18)	(-0.20, 0.20)	(-0.15, 0.15)
KP_8	(-0.20, 0.20)	(-0.20, 0.20)	(-0.25, 0.25)
KP_9	(-0.25, 0.25)	(-0.18, 0.18)	(-0.20, 0.20)
KP_{10}	(-0.25, 0.25)	(-0.10, 0.10)	(-0.20, 0.20)
KP_{11}	(-0.15, 0.15)	(-0.20, 0.20)	(-0.30, 0.30)
KP_{12}	(-0.18, 0.18)	(-0.25, 0.25)	(-0.20, 0.20)

针对各次仿真实验，各专家对关键控制点 $KP_1 \sim KP_{12}$ 装配偏差一一进行估计，估计值见表2-16~表2-18。

表 2-16　专家一偏差估计值　　mm

仿真次序	关键控制点											
	KP_1	KP_2	KP_3	KP_4	KP_5	KP_6	KP_7	KP_8	KP_9	KP_{10}	KP_{11}	KP_{12}
1	0.10	-0.10	0.15	0.15	-0.05	0.20	0.10	-0.10	0.05	0.20	0.10	0.15
2	0.15	0.05	-0.10	0.10	0.05	-0.15	0.15	0.10	0.08	0.20	0.10	0.10
3	-0.08	0.10	0.05	-0.12	0.05	-0.20	0.05	-0.15	-0.05	-0.15	-0.05	-0.10
4	0.12	-0.12	0.15	-0.10	0.08	0.10	0.15	0.15	0.05	-0.15	0.12	0.12
5	-0.05	-0.03	-0.15	0.15	0.10	0.15	-0.05	0.12	0.10	0.15	-0.10	-0.15
6	0.08	0.05	0.15	0.05	0.05	-0.10	-0.15	0.15	-0.08	0.10	-0.10	-0.15
7	-0.12	0.12	0.15	-0.08	-0.08	0.20	0.15	-0.15	-0.10	0.20	0.10	0.08
8	0.05	0.10	-0.10	0.12	-0.05	0.15	-0.10	0.10	0.05	-0.10	0.10	0.15
9	-0.15	0.08	0.12	0.10	0.05	-0.15	0.10	0.15	-0.08	0.15	-0.05	0.10
10	0.15	-0.10	-0.15	0.08	0.10	0.10	0.05	-0.08	0.05	0.10	-0.08	-0.15

表 2-17　专家二偏差估计值　　mm

仿真次序	关键控制点											
	KP_1	KP_2	KP_3	KP_4	KP_5	KP_6	KP_7	KP_8	KP_9	KP_{10}	KP_{11}	KP_{12}
1	−0. 25	0. 10	−0. 15	0. 10	0. 20	0. 05	−0. 15	−0. 10	0. 10	0. 05	−0. 15	−0. 25
2	0. 20	−0. 15	0. 10	0. 05	0. 10	−0. 05	0. 15	0. 10	−0. 15	0. 05	0. 15	0. 15
3	0. 20	0. 08	0. 12	0. 10	−0. 15	0. 08	0. 10	0. 10	−0. 10	−0. 05	0. 1	0. 20
4	−0. 15	0. 12	0. 10	−0. 10	0. 15	−0. 08	−0. 10	−0. 05	0. 10	0. 08	−0. 1	−0. 20
5	−0. 10	0. 05	0. 15	0. 12	0. 15	0. 05	−0. 15	0. 10	0. 15	0. 05	0. 15	0. 20
6	0. 15	−0. 12	0. 05	0. 05	−0. 10	0. 05	0. 12	0. 10	−0. 10	0. 05	−0. 15	0. 15
7	−0. 15	−0. 08	−0. 08	−0. 05	0. 10	0. 10	0. 08	0. 05	0. 15	0. 10	0. 12	−0. 10
8	0. 20	−0. 05	0. 12	0. 10	−0. 15	−0. 08	0. 15	−0. 10	0. 15	−0. 08	0. 10	0. 20
9	0. 25	0. 15	0. 08	0. 10	0. 20	−0. 10	−0. 15	0. 15	−0. 05	−0. 05	−0. 08	0. 20
10	−0. 20	0. 15	0. 10	−0. 15	0. 15	0. 05	0. 10	0. 10	0. 15	−0. 10	0. 15	0. 20

表 2-18　专家三偏差估计值　　mm

仿真次序	关键控制点											
	KP_1	KP_2	KP_3	KP_4	KP_5	KP_6	KP_7	KP_8	KP_9	KP_{10}	KP_{11}	KP_{12}
1	−0. 10	0. 25	0. 10	0. 05	0. 20	−0. 15	0. 10	−0. 15	0. 10	−0. 15	0. 20	0. 15
2	0. 10	−0. 20	0. 05	0. 15	−0. 20	−0. 1	0. 10	0. 20	0. 10	0. 20	−0. 25	0. 05
3	−0. 12	−0. 15	−0. 10	−0. 10	0. 15	0. 1	−0. 10	0. 10	−0. 05	0. 10	−0. 20	−0. 10
4	0. 05	0. 20	0. 10	−0. 15	0. 10	0. 15	0. 10	−0. 20	0. 12	0. 15	0. 15	0. 15
5	−0. 05	−0. 10	−0. 05	−0. 10	−0. 15	0. 1	−0. 05	0. 15	−0. 10	0. 15	0. 20	−0. 15
6	0. 12	0. 15	0. 05	0. 15	−0. 15	−0. 05	0. 05	0. 20	−0. 10	−0. 10	0. 15	−0. 05
7	0. 05	0. 20	0. 10	0. 15	−0. 10	−0. 1	0. 10	−0. 15	0. 10	−0. 15	0. 20	0. 15
8	−0. 10	0. 15	0. 12	0. 12	0. 20	0. 15	−0. 10	−0. 10	0. 10	0. 10	0. 20	0. 10
9	0. 08	−0. 20	−0. 15	−0. 15	0. 15	0. 15	0. 10	0. 10	−0. 05	0. 15	−0. 10	−0. 10
10	0. 10	0. 25	0. 10	0. 15	0. 10	0. 15	0. 15	0. 15	−0. 08	0. 20	0. 20	0. 05

经计算得到各专家判定的直觉模糊数，见表 2-19~表 2-21。

表 2-19 专家一直觉模糊数

关键控制点	仿真次序				
	1	2	3	4	5
KP_1	<0.10，0.10>	<0.15，0.15>	<0.08，0.00>	<0.12，0.12>	<0.05，0.00>
KP_2	<0.10，0.00>	<0.05，0.05>	<0.10，0.10>	<0.12，0.00>	<0.03，0.00>
KP_3	<0.15，0.15>	<0.10，0.00>	<0.05，0.05>	<0.15，0.15>	<0.15，0.00>
KP_4	<0.15，0.15>	<0.10，0.10>	<0.12，0.00>	<0.10，0.00>	<0.15，0.15>
KP_5	<0.05，0.00>	<0.05，0.05>	<0.05，0.05>	<0.08，0.08>	<0.10，0.10>
KP_6	<0.20，0.20>	<0.15，0.00>	<0.20，0.00>	<0.10，0.10>	<0.15，0.15>
KP_7	<0.10，0.00>	<0.15，0.15>	<0.05，0.05>	<0.15，0.15>	<0.05，0.00>
KP_8	<0.10，0.00>	<0.10，0.10>	<0.15，0.00>	<0.15，0.15>	<0.12，0.12>
KP_9	<0.05，0.05>	<0.08，0.08>	<0.05，0.00>	<0.05，0.05>	<0.10，0.10>
KP_{10}	<0.20，0.20>	<0.20，0.20>	<0.15，0.00>	<0.15，0.00>	<0.15，0.15>
KP_{11}	<0.10，0.10>	<0.10，0.10>	<0.05，0.00>	<0.12，0.12>	<0.10，0.00>
KP_{12}	<0.15，0.15>	<0.10，0.10>	<0.10，0.00>	<0.12，0.12>	<0.15，0.00>

关键控制点	仿真次序				
	6	7	8	9	10
KP_1	<0.08，0.08>	<0.12，0.00>	<0.05，0.05>	<0.15，0.00>	<0.15，0.15>
KP_2	<0.05，0.05>	<0.12，0.12>	<0.10，0.10>	<0.08，0.08>	<0.10，0.00>
KP_3	<0.15，0.15>	<0.15，0.15>	<0.10，0.00>	<0.12，0.12>	<0.15，0.00>
KP_4	<0.05，0.05>	<0.08，0.00>	<0.12，0.12>	<0.10，0.10>	<0.08，0.08>
KP_5	<0.05，0.05>	<0.08，0.00>	<0.05，0.00>	<0.05，0.05>	<0.10，0.10>
KP_6	<0.10，0.00>	<0.20，0.20>	<0.15，0.15>	<0.15，0.00>	<0.10，0.10>
KP_7	<0.15，0.00>	<0.15，0.15>	<0.10，0.00>	<0.10，0.10>	<0.05，0.05>
KP_8	<0.15，0.15>	<0.15，0.00>	<0.10，0.10>	<0.15，0.15>	<0.08，0.00>
KP_9	<0.08，0.00>	<0.10，0.00>	<0.05，0.05>	<0.08，0.00>	<0.05，0.05>
KP_{10}	<0.10，0.10>	<0.20，0.20>	<0.10，0.00>	<0.15，0.15>	<0.10，0.10>
KP_{11}	<0.10，0.00>	<0.10，0.10>	<0.10，0.10>	<0.05，0.00>	<0.08，0.00>
KP_{12}	<0.15，0.00>	<0.08，0.08>	<0.15，0.15>	<0.10，0.10>	<0.15，0.00>

表 2-20　专家二直觉模糊数

关键控制点	仿真次序				
	1	2	3	4	5
KP_1	<0. 25，0. 00>	<0. 20，0. 20>	<0. 20，0. 20>	<0. 15，0. 00>	<0. 10，0. 00>
KP_2	<0. 25，0. 25>	<0. 20，0. 00>	<0. 15，0. 00>	<0. 20，0. 20>	<0. 10，0. 00>
KP_3	<0. 10，0. 10>	<0. 05，0. 05>	<0. 10，0. 00>	<0. 10，0. 10>	<0. 05，0. 00>
KP_4	<0. 05，0. 05>	<0. 15，0. 15>	<0. 10，0. 00>	<0. 15，0. 00>	<0. 10，0. 00>
KP_5	<0. 20，0. 20>	<0. 10，0. 10>	<0. 15，0. 00>	<0. 15，0. 15>	<0. 15，0. 15>
KP_6	<0. 05，0. 05>	<0. 05，0. 00>	<0. 08，0. 08>	<0. 08，0. 00>	<0. 05，0. 05>
KP_7	<0. 15，0. 00>	<0. 15，0. 15>	<0. 10，0. 10>	<0. 10，0. 00>	<0. 15，0. 00>
KP_8	<0. 10，0. 00>	<0. 10，0. 10>	<0. 10，0. 10>	<0. 05，0. 00>	<0. 10，0. 10>
KP_9	<0. 10，0. 10>	<0. 15，0. 00>	<0. 10，0. 00>	<0. 10，0. 10>	<0. 15，0. 15>
KP_{10}	<0. 05，0. 05>	<0. 05，0. 05>	<0. 05，0. 00>	<0. 08，0. 08>	<0. 05，0. 05>
KP_{11}	<0. 15，0. 00>	<0. 15，0. 15>	<0. 10，0. 10>	<0. 10，0. 00>	<0. 15，0. 15>
KP_{12}	<0. 25，0. 00>	<0. 15，0. 15>	<0. 20，0. 20>	<0. 20，0. 00>	<0. 20，0. 20>

关键控制点	仿真次序				
	6	7	8	9	10
KP_1	<0. 15，0. 15>	<0. 15，0. 00>	<0. 20，0. 20>	<0. 25，0. 25>	<0. 20，0. 00>
KP_2	<0. 15，0. 15>	<0. 20，0. 20>	<0. 15，0. 15>	<0. 20，0. 00>	<0. 25，0. 25>
KP_3	<0. 05，0. 05>	<0. 10，0. 10>	<0. 12，0. 12>	<0. 15，0. 00>	<0. 10，0. 10>
KP_4	<0. 15，0. 15>	<0. 15，0. 15>	<0. 12，0. 12>	<0. 15，0. 00>	<015，0. 15>
KP_5	<0. 10，0. 00>	<0. 10，0. 10>	<0. 15，0. 00>	<0. 20，0. 20.	<0. 15，0. 15>
KP_6	<0. 05，0. 05>	<0. 10，0. 10>	<0. 08，0. 00>	<0. 10，0. 00>	<0. 05，0. 05>
KP_7	<0. 12，0. 12>	<0. 08，0. 08>	<0. 15，0. 15>	<0. 15，0. 00>	<0. 10，0. 10>
KP_8	<0. 10，0. 10>	<0. 05，0. 05>	<0. 10，0. 00>	<0. 15，0. 15>	<0. 10，0. 10>
KP_9	<0. 10，0. 00>	<0. 15，0. 15>	<0. 15，0. 15>	<0. 05，0. 00>	<0. 15，0. 15>
KP_{10}	<0. 05，0. 05>	<0. 10，0. 10>	<0. 08，0. 00>	<0. 05，0. 00>	<0. 10，0. 00>
KP_{11}	<0. 15，0. 00>	<0. 12，0. 12>	<0. 10，0. 10>	<0. 08，0. 00>	<0. 15，0. 15>
KP_{12}	<0. 15，0. 15>	<0. 10，0. 00>	<0. 20，0. 20>	<0. 20，0. 20>	<0. 20，0. 20>

表 2-21 专家三直觉模糊数

关键控制点	仿真次序				
	1	2	3	4	5
KP_1	<0.10，0.00>	<0.10，0.10>	<0.12，0.00>	<0.05，0.05>	<0.05，0.00>
KP_2	<0.25，0.25>	<0.20，0.00>	<0.15，0.00>	<0.20，0.20>	<0.10，0.00>
KP_3	<0.10，0.10>	<0.05，0.05>	<0.10，0.00>	<0.10，0.10>	<0.05，0.00>
KP_4	<0.05，0.05>	<0.15，0.15>	<0.10，0.00>	<0.15，0.00>	<0.10，0.00>
KP_5	<0.20，0.20>	<0.20，0.00>	<0.15，0.15>	<0.10，0.10>	<0.15，0.00>
KP_6	<0.15，0.00>	<0.10，0.00>	<0.10，0.10>	<0.15，0.15>	<0.10，0.10>
KP_7	<0.10，0.10>	<0.10，0.10>	<0.10，0.00>	<0.10，0.10>	<0.05，0.00>
KP_8	<0.15，0.00>	<0.20，0.20>	<0.10，0.10>	<0.20，0.00>	<0.15，0.15>
KP_9	<0.10，0.10>	<0.15，0.00>	<0.10，0.00>	<0.10，0.10>	<0.15，0.15>
KP_{10}	<0.15，0.00>	<0.20，0.20>	<0.10，0.10>	<0.15，0.15>	<0.15，0.15>
KP_{11}	<0.20，0.20>	<0.25，0.00>	<0.20，0.00>	<0.15，0.15>	<0.20，0.20>
KP_{12}	<0.15，0.15>	<0.05，0.05>	<0.10，0.00>	<0.15，0.15>	<0.15，0.00>

关键控制点	仿真次序				
	6	7	8	9	10
KP_1	<0.12，0.12>	<0.05，0.05>	<0.10，0.00>	<0.08，0.08>	<0.10，0.10>
KP_2	<0.15，0.15>	<0.20，0.20>	<0.15，0.15>	<0.20，0.00>	<0.25，0.25>
KP_3	<0.05，0.05>	<0.10，0.10>	<0.12，0.12>	<0.15，0.00>	<0.10，0.10>
KP_4	<0.15，0.15>	<0.15，0.15>	<0.12，0.12>	<0.15，0.00>	<0.15，0.15>
KP_5	<0.15，0.00>	<0.10，0.00>	<0.20，0.20>	<0.15，0.15>	<0.10，0.10>
KP_6	<0.05，0.00>	<0.10，0.00>	<0.15，0.15>	<0.15，0.15>	<0.15，0.15>
KP_7	<0.05，0.05>	<0.10，0.10>	<0.10，0.00>	<0.10，0.10>	<0.15，0.15>
KP_8	<0.20，0.20>	<0.15，0.00>	<0.10，0.00>	<0.10，0.10>	<0.15，0.15>
KP_9	<0.10，0.00>	<0.15，0.15>	<0.15，0.15>	<0.05，0.00>	<0.15，0.15>
KP_{10}	<0.10，0.00>	<0.15，0.00>	<0.10，0.10>	<0.15，0.15>	<0.20，0.20>
KP_{11}	<0.15，0.15>	<0.20，0.20>	<0.20，0.20>	<0.10，0.00>	<0.20，0.20>
KP_{12}	<0.15，0.00>	<0.15，0.15>	<0.10，0.10>	<0.10，0.00>	<0.05，0.05>

经计算得各专家平均相似度矩阵

$$\boldsymbol{A}^1 = [0.61 \quad 0.53 \quad 0.63 \quad 0.70 \quad 0.49 \quad 0.58 \quad 0.67 \quad 0.74 \quad 0.63 \quad 0.65 \quad 0.60 \quad 0.72]$$

$$\boldsymbol{A}^2 = [0.53 \quad 0.54 \quad 0.72 \quad 0.70 \quad 0.62 \quad 0.54 \quad 0.65 \quad 0.69 \quad 0.65 \quad 0.47 \quad 0.68 \quad 0.62]$$

$$\boldsymbol{A}^3 = [0.56 \quad 0.47 \quad 0.68 \quad 0.62 \quad 0.63 \quad 0.63 \quad 0.68 \quad 0.67 \quad 0.73 \quad 0.65 \quad 0.59 \quad 0.67]$$

利用矩阵 $\boldsymbol{A}^1$、$\boldsymbol{A}^2$、$\boldsymbol{A}^3$，经计算得各专家关于关键控制点 $KP_1 \sim KP_{12}$ 偏差判定的权重矩阵 $\boldsymbol{\Omega}$

$$\boldsymbol{\Omega}=\begin{pmatrix} 0.36 & 0.34 & 0.31 & 0.34 & 0.28 & 0.33 & 0.34 & 0.35 & 0.32 & 0.36 & 0.32 & 0.36 \\ 0.31 & 0.35 & 0.35 & 0.35 & 0.36 & 0.31 & 0.32 & 0.33 & 0.32 & 0.27 & 0.37 & 0.31 \\ 0.33 & 0.31 & 0.33 & 0.31 & 0.36 & 0.36 & 0.34 & 0.32 & 0.36 & 0.37 & 0.31 & 0.33 \end{pmatrix}^{\mathrm{T}}$$

对初始置信区间进行修正，得到修正后 $KP_1 \sim KP_{12}$ 的偏差置信区间分别为 [−0.23，0.23]、[−0.21，0.21]、[−0.17，0.17]、[−0.21，0.21]、[−0.23，0.23]、[−0.19，0.19]、[−0.18，0.18]、[−0.22，0.22]、[−0.21，0.21]、[−0.19，0.19]、[−0.21，0.21]、[−0.11，0.11]。

(3) 基于聚类分析和专家知识的装配粗差识别

比较加权修正后 $KP_1 \sim KP_{12}$ 偏差置信区间和聚类分析异常类 G38 中的 $KP_1 \sim KP_{12}$ 偏差值，可发现：①第 3 次实验 KP_3、KP_9 偏差值不包含在置信区间中，②第 8 次实验中 KP_3 偏差值均不包含在置信区间中。综合聚类分析结果和装配偏差置信区间，可判定第 3 次、第 8 次实验都存在粗差。

2.4.3　数据分析

经典的格拉布斯粗差判定准则多应用于航空、航天、海洋资源勘察等领域的数据分析，并取得较好的效果。利用格拉布斯准则，对飞机复杂薄壁结构装配粗差进行判定。其判定过程如下。

①排序：对各关键控制点位置度偏差进行从小到大的排序。

②计算均值、标准差：分别求得各关键控制点位置度偏差的均值和标准差。均值分别为 $\bar{x}(KP_1)=0.186$、$\bar{x}(KP_2)=0.185$、$\bar{x}(KP_3)=0.185$、$\bar{x}(KP_4)=0.187$、$\bar{x}(KP_5)=0.182$、$\bar{x}(KP_6)=0.201$、$\bar{x}(KP_7)=0.183$、$\bar{x}(KP_8)=0.183$、$\bar{x}(KP_9)=0.189$、$\bar{x}(KP_{10})=0.183$、$\bar{x}(KP_{11})=0.188$、$\bar{x}(KP_{12})=0.187$，标准差分别为 $\sigma(KP_1)=0.008$、$\sigma(KP_2)=0.013$、$\sigma(KP_3)=0.013$、$\sigma(KP_4)=0.009$、$\sigma(KP_5)=0.008$、$\sigma(KP_6)=0.011$、$\sigma(KP_7)=0.013$、$\sigma(KP_8)=0.008$、$\sigma(KP_9)=0.014$、$\sigma(KP_{10})=0.013$、$\sigma(KP_{11})=0.012$、$\sigma(KP_{12})=0.007$。

③获取统计量：综合利用均值、标准差，获取格拉布斯准则统计量。

④粗差判定：通过查询格拉布斯准则临界值检验表可知，格拉布斯准则临界值 $G90(10)=2.036$。将其与已获得的统计量进行比较。由于第 3 次实验中 KP_9 与第 8 次实验中 KP_8 位置度偏差值的统计量均大于格拉布斯准则临界值 2.036，所以该关键控制点位置度偏差判定为粗差。

对比两者粗差判定方法结果可知：两种方法均能诊断出实验中关键控制点位置度存在粗差，但格拉布斯准则识别结果较为粗糙，存在错判和漏判的情况。例如，第 8 次实验中的 KP_8 偏差值的错判、第 3 次实验中的 KP_3 偏差值的漏判等。其主要原因是经典的格拉布斯准则是依据统计量与临界值进行比较，从而判定粗差的，但临界值的选择与检出水平有关，存在较大的主观性；而将检测数据和专家知识进行有机融合，利用平均直觉模糊相似度进行专家权重赋值，能较好地减少判定区间的主观性，可较好地适用于薄壁件变形回弹、铆接干涉、多层级装配等多种因素导致装配偏差不确定度大的粗差识别。

2.5 本章小结

（1）本章针对小样本、装配偏差不确定度大的飞机复杂薄壁结构装配检测数据预处理，引入测量信息论中的聚类分析法和基于不确定性理论的直觉模糊熵法，提出检测数据和专家知识混合驱动的飞机复杂薄壁结构装配粗差判定方法。

（2）本章提出一种飞机结构件装配偏差仿真模型可信度评价方法。首先基于区间数关联度理论，计算各偏差分量仿真数据可信度。然后基于熵权法，计算各偏差分量重要程度的权重，并对各偏差分量可信度进行赋权。最后基于证据理论，聚合各偏差分量仿真数据可信度，最终得到整个装配偏差仿真模型的综合可信度。

（3）案例分析结果表明，经典的格拉布斯粗差判定准则存在错判、漏判等不足。本章利用提出的装配粗差检测方法准确实现了小样本、置信区间难以确定的飞机复杂薄壁结构装配粗差识别，提高了数据处理的效率，使粗差识别准确率提高了 12.5%，保证了数据的可靠性。

第 3 章　结构件装配关键偏差源诊断

飞机结构件装配质量与其偏差源之间呈现非线性、多层级强耦合、不确定度大的传递关系，不能通过构建装配尺寸链方程的方法诊断出影响装配质量的关键偏差源。为此，本书引入测量信息论，将熵权法和灰色综合关联度进行融合，提出小样本数据驱动的影响结构件装配质量的关键偏差源诊断方法。首先挖掘结构件装配质量检测数据的潜在信息，利用熵权法对结构件装配质量属性进行差异化度量。其次利用灰色综合关联度量化结构件各偏差源与结构件装配质量之间的关联度。再次利用装配质量属性权重对各偏差源与装配质量之间的灰色综合关联度进行修正。最后按照修正后的关联度对各偏差源的重要程度进行排序，量化确定影响结构件装配质量的关键偏差源。装配应用案例证明了基于熵权法和灰色综合关联度的装配质量关键偏差源诊断方法的准确性和计算可行性。

3.1　装配偏差源

装配偏差源是指与影响装配性能要求相匹配的偏差信息，其主要内容包含装配位置偏差、零部件尺寸偏差、形位偏差等信息。在飞机等复杂结构件的装配阶段，零件制造误差、夹具制造误差、定位误差、铆接变形、装配工艺和人为操作等因素均会对装配体的质量造成负面影响。

飞机装配质量对性能要求起着决定性的影响，在飞机装配过程中各个阶段都可能会产生装配偏差。图 3-1 所示为飞机结构件装配偏差影响因素，主要包含装配工艺、变形回弹、人为因素、环境因素等，以上因素又受许多子因素的影响。

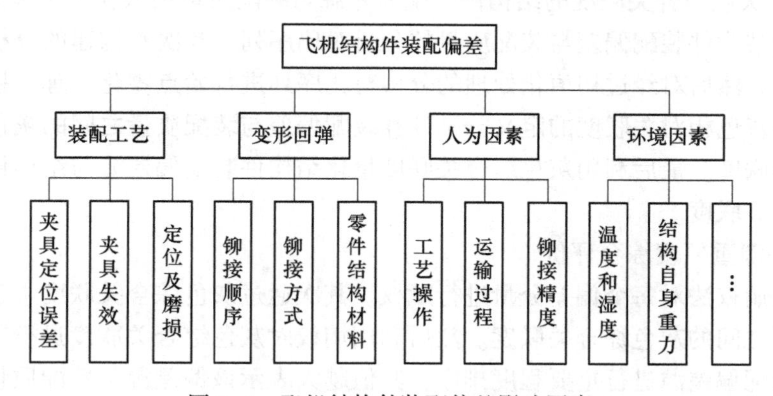

图 3-1　飞机结构件装配偏差影响因素

①装配工艺包括装配顺序、连接方式等内容，装配顺序与连接方式能够影响装配偏差的传递路径，工装夹具能够准确合理地保证装配单元的位置。除了工装夹具自身的制造偏差以外，它同样受外界设备精度、定位误差等的影响，最终导致飞机结构件装配偏差。

②在零件加工制造阶段，零件加工方式、外界设备精度等因素均会在不同程度上造成零件初始制造偏差，这些偏差最终伴随装配工艺的推进不断累积、不断传递。一般情况下，在装配过程中，可以利用工装夹具的暂时调整来消除零件制造偏差，但是装配完成后，释放工装夹具引入的铆接力会造成飞机柔性结构件变形回弹，导致装配偏差。

③人工操作、运输过程、铆接精度等人为因素也会对装配偏差造成影响，如操作不规范、技术不娴熟等。随着数字化装配技术不断完善，飞机自动化装配程度不断提高，装配偏差的人为影响程度不断减轻。

④基准的选择、结构的完整性等影响装配偏差。

⑤环境因素对飞机结构件装配偏差的影响是不可预估的。材料强度和热胀性等特征，使飞机结构件装配偏差在一定程度上受温度、湿度等环境因素的影响。

3.2 结构件装配关键偏差源诊断流程

图 3-2 所示为飞机结构件装配关键偏差源诊断流程。

（1）基于熵权法的结构件装配质量属性权重量化表示

结构件装配质量属性的权重依赖于质量属性带有的信息量大小，并且两者成反比关系，即熵值越小熵权越大，该质量属性能提供较多有用的信息。因此，引入熵权量化质量属性的权重，即利用装配质量数据所提供的信息确定装配质量属性的权重。首先利用飞机复杂薄壁结构在装配过程中获得的装配质量检测数据构建装配质量多属性评价矩阵。其次对构建的评价矩阵进行标准化处理。然后求解结构件装配质量分量比重矩阵。最后利用熵权法量化结构件装配质量各分量的权重。

（2）基于灰色综合关联度的结构件装配偏差源与装配质量关联度量化建模

首先构建结构件装配偏差与装配质量的分析对比序列。其次对构建的分析对比序列进行初值化操作。然后对经过初值化处理的分析对比序列进行始点零化处理。接着利用灰色绝对关联度和灰色相对关联度的定义分别计算装配偏差与装配质量之间的灰色绝对关联度和灰色相对关联度。最后利用灰色综合关联度量化结构件装配偏差源与结构件装配质量之间的灰色综合关联度。

（3）偏差源重要度综合评价

首先利用熵权法对每个偏差分量进行赋权。其次通过灰色综合关联度求解每个偏差分量与装配质量之间的灰色综合关联度。然后利用熵权对灰色综合关联度进行改进，并根据修正结果对装配偏差源进行重要程度排序，其值越大表示该偏差源与装配质量之间的关联度越大，即可识别出处于关键地位的偏差源。

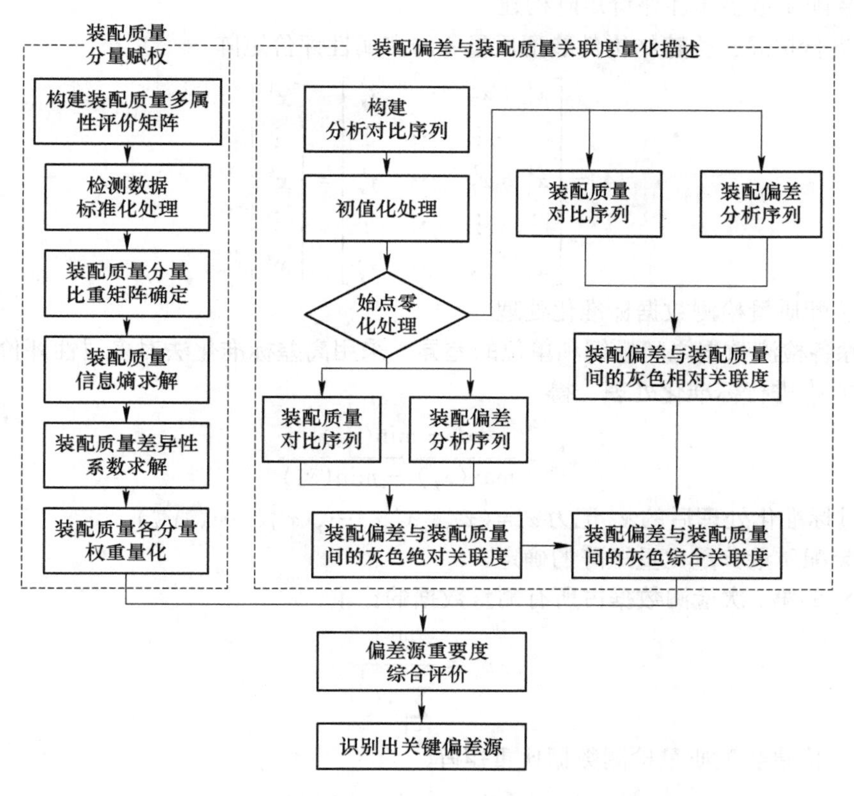

图 3-2　结构件装配关键偏差源诊断流程

基于熵权法和灰色综合关联度的飞机结构件装配关键偏差源诊断方法在充分挖掘数据所提供信息的基础上既实现了质量属性权重的客观评定，又利用了灰色综合关联度在小样本、贫信息分析中的优势。

3.3　装配质量属性权重量化表示

设飞机某结构件装配质量 δ 有 s 个属性分量，则该结构件的装配质量可表示为 $\delta=(\delta_1, \delta_2, \cdots, \delta_k, \cdots, \delta_s)$。将该结构件装配质量属性分量 δ_k 的检测数据记为 $x_k=(x_k^1, x_k^2, \cdots, x_k^i, \cdots, x_k^n)$，$n$ 为飞机装配架次。将 x_k 中的 x_k^i 概率记为 p_k^i（$i=1, 2, \cdots, n$），则可将属性分量 δ_k 的熵定义为

$$H_k = -\frac{1}{\ln n}\sum_{i=1}^{n} p_k^i \ln p_k^i \tag{3-1}$$

式（3-1）中，当 $p_k^i=0$ 时，$p_k^i\ln p_k^i=0$；n 取正整数，其中 $n=1$ 时，对式（3-1）进行极限求解得 $H_1=-p_1^1\ln p_1^1$。

(1) 装配质量多属性评价矩阵构建

对 x_k 进行扩展，构建结构件装配质量 δ 的多属性评价矩阵

$$A=\begin{bmatrix} x_1^1 & x_2^1 & \cdots & x_s^1 \\ \vdots & \vdots & \cdots & \vdots \\ x_1^k & x_2^k & \cdots & x_s^k \\ \vdots & \vdots & \ddots & \vdots \\ x_1^n & x_2^n & \cdots & x_s^n \end{bmatrix}=\begin{bmatrix} \boldsymbol{x}^1 \\ \vdots \\ \boldsymbol{x}^k \\ \vdots \\ \boldsymbol{x}^n \end{bmatrix} \tag{3-2}$$

(2) 装配质量检测数据标准化处理

为消除各检测数据之间量纲和单位的差异，采用离差标准化法对多属性评价矩阵 $\boldsymbol{A}$ 中各检测数据 x_k^i 进行标准化处理，得

$$x'^i_k=\frac{x_k^i-\min(x_k)}{\max(x_k)-\min(x_k)} \tag{3-3}$$

将经过标准化处理后的 x_k 记为 $x'_k=(x'^1_k,\ x'^2_k,\ \cdots,\ x'^i_k,\ \cdots,\ x'^n_k)$。

(3) 装配质量分量比重矩阵的确定

计算 δ_k 的第 i 次检测数据占所有测量数据的比重

$$p_k^i=\frac{x'^i_k}{\sum_{i=1}^{n}x'^i_k} \tag{3-4}$$

利用 p_k^i 构建装配质量检测数据比重矩阵

$$P=\begin{pmatrix} p_1^1 & p_2^1 & \cdots & p_s^1 \\ p_1^2 & p_2^2 & \cdots & p_s^2 \\ \vdots & \vdots & \ddots & \vdots \\ p_1^n & p_2^n & \cdots & p_s^n \end{pmatrix} \tag{3-5}$$

(4) 装配质量分量信息熵的求解

将 $\boldsymbol{P}$ 代入式（3-1）中，计算得各质量分量 δ_1，δ_2，…，δ_k，…，δ_s，的信息熵 H_1，H_2，…，H_k，…，H_s。

(5) 质量分量差异性量化表示

根据信息熵的性质将各装配分量的差异性系数定义为

$$E_k=1-H_k \tag{3-6}$$

H_k 越大，则 E_k 越小。

(6) 各装配质量分量权重求解

利用 E_k，可求得各装配质量分量 δ_k 的熵权

$$\omega_k=\frac{E_k}{\sum_{k=1}^{n}E_k} \tag{3-7}$$

3.4　装配偏差与装配质量关联度量化建模

将各架次结构件的装配质量记为 $x_0=(x_0^1, x_0^2, \cdots, x_0^i, \cdots, x_0^n)$，以 x_0 为各架次结构件装配质量的参考序列，以影响装配质量 x_0 的装配偏差检测数据为比较数列。综合参考序列和比较数列，建立分析对比序列

$$\begin{cases} x_0 = (x_0^1, x_0^2, \cdots, x_0^i, \cdots, x_0^n) \\ x_1 = (x_1^1, x_1^2, \cdots, x_1^i, \cdots, x_1^n) \\ x_2 = (x_2^1, x_2^2, \cdots, x_2^i, \cdots, x_2^n) \\ \qquad\qquad\qquad \vdots \\ x_k = (x_k^1, x_k^2, \cdots, x_k^i, \cdots, x_k^n) \\ \qquad\qquad\qquad \vdots \\ x_s = (x_s^1, x_s^2, \cdots, x_s^i, \cdots, x_s^n) \end{cases} \tag{3-8}$$

式（3-8）中，$x_1 \sim x_s$ 为装配偏差检测数据。

为保证装配偏差检测数据与装配质量评价参数之间的可比性，对分析对比序列式 $x_0 \sim x_s$ 进行初值化处理

$$x'^i_k = \frac{x_k^i}{x_k^1} \tag{3-9}$$

利用式（3-9）对式（3-8）进行初值化处理，得

$$\begin{cases} x'_0 = (x'^1_0, x'^2_0, \cdots, x'^i_0, \cdots, x'^n_0) \\ x'_1 = (x'^1_1, x'^2_1, \cdots, x'^i_1, \cdots, x'^n_1) \\ x'_2 = (x'^1_2, x'^2_2, \cdots, x'^i_2, \cdots, x'^n_2) \\ \vdots \qquad\qquad\qquad \vdots \\ x'_k = (x'^1_k, x'^2_k, \cdots, x'^i_k, \cdots, x'^n_k) \\ \vdots \qquad\qquad\qquad \vdots \\ x'_s = (x'^1_s, x'^2_s, \cdots, x'^i_s, \cdots, x'^n_s) \end{cases} \tag{3-10}$$

3.4.1　装配质量与装配偏差之间的灰色绝对关联度

对经过初值化处理的分析对比序列 $x'_0 \sim x'_s$ 分别进行始点零化处理

$$x''^i_k = x'^i_k - x'^1_k \tag{3-11}$$

结合式（3-10）和式（3-11），可得 $x'_0 \sim x'_s$ 始点零化后的分析对比新序列

$$\begin{cases} x''_0 = (x''^1_0, x''^2_0, \cdots, x''^i_0, \cdots, x''^n_0) \\ x''_1 = (x''^1_1, x''^2_1, \cdots, x''^i_1, \cdots, x''^n_1) \\ x''_2 = (x''^1_2, x''^2_2, \cdots, x''^i_2, \cdots, x''^n_2) \\ \qquad\qquad\qquad \vdots \\ x''_k = (x''^1_k, x'^2_k, \cdots, x''^i_k, \cdots, x''^n_k) \\ \qquad\qquad\qquad \vdots \\ x''_s = (x''^1_s, x''^2_s, \cdots, x''^i_s, \cdots, x''^n_s) \end{cases} \tag{3-12}$$

式（3-12）中，x''_k为x'_k的始点零化像。

对x''_k关于偏差检测次序进行积分

$$\xi_k = \int_1^n x''_k \mathrm{d}i \tag{3-13}$$

计算式（3-13），得

$$\xi_k = \sum_{i=2}^{n-1} x''^{i}_{k} + \frac{1}{2} x''^{n}_{k} \tag{3-14}$$

令

$$\lambda_{0k} = \frac{1 + |\xi_0| + |\xi_k|}{1 + |\xi_0| + |\xi_k| + |\xi_k - \xi_0|} \tag{3-15}$$

λ_{0k} 即 x_0 和 x_k 之间的绝对关联度。

3.4.2 装配质量与装配偏差之间的灰色相对关联度

将x'_k关于偏差检测次序进行积分

$$\xi'_k = \int_1^n x'_k \mathrm{d}i \tag{3-16}$$

计算式（3-16），得

$$\xi'_k = \sum_{i=2}^{n-1} x'^{i}_{k} + \frac{1}{2}(x'^{1}_{k} + x'^{n}_{k}) \tag{3-17}$$

令

$$\gamma_{0k} = \frac{1 + |\xi'_0| + |\xi'_k|}{1 + |\xi'_0| + |\xi'_k| + |\xi'_k - \xi'_0|} \tag{3-18}$$

γ_{0k} 即 x_0 和 x_k 之间的灰色相对关联度。

3.4.3 装配质量与装配偏差之间的灰色综合关联度

综合式（3-15）求得的绝对关联度 λ_{0k} 和式（3-18）求得的相对关联度 γ_{0k}，可得序列 x_0 和序列 x_k 之间的灰色综合关联度

$$\rho_{0k} = \theta\lambda_{0k} + (1-\theta)\gamma_{0k} \tag{3-19}$$

式（3-19）中，分辨系数 θ 的取值范围为（0，1），当序列波动较大时，分辨系数取小值；当序列波动较小时，分辨系数取大值。

3.4.4 装配偏差重要程度综合评价

综合式（3-7）计算得到的 ω_k 和式（3-19）计算得到的 ρ_{0k} 量化装配偏差的重要程度，得

$$\psi_k = \frac{\omega_k \rho_{0k}}{\sum_{k=1}^{s} \omega_k \rho_{0k}} \tag{3-20}$$

式（3-20）中，ψ_k 表示第 k 个偏差分量的重要度，ψ_k 越大，表示该装配偏差与装配质量之间的关联度越大。因此，可依据 ψ_k 识别出处于关键地位的偏差源。

3.5　案例分析

3.5.1　装配偏差仿真

以 2.5 节所构建的壁板结构为分析对象，验证本节提出的关键偏差源检测方法，模型构建数据此处不再赘述。网格文件单元类型均设置为 C3D10；蒙皮、钣金隔框和桁条的材料属性均相同，其中弹性模量为 2×10^{11}Pa，泊松比为 0.266，密度为 7860kg/m^3，延展性为 1.17×10^{-5}。

图 3-3 所示为利用 3DCS 软件进行右上壁板装配关键偏差源诊断的流程。

①将蒙皮、钣金隔框和桁条的网格文件和缩减刚度矩阵分别加载到仿真模型中，作为计算变形的依据。

②将蒙皮、钣金隔框、桁条等模拟件定位夹紧到夹具上，并进行铆接仿真。

③松开各个零件的夹持和定位，此时壁板装配件将会发生弹性回弹。

④根据整机《装配容差控制通用要求》对实际装配工艺设定偏差，并利用蒙特卡罗分析方法进行 5 架次装配偏差仿真。

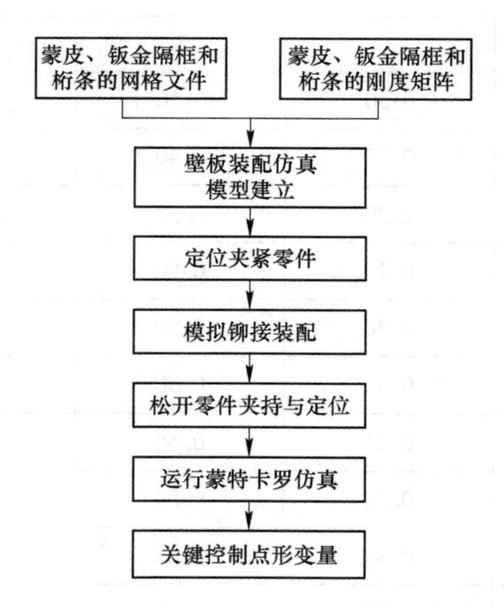

图 3-3　基于 3DCS 的右上壁板柔性装配仿真

（1）右上壁板装配质量关键控制点创建

工程实际中，采用蒙皮外形关键控制点的形变量，即关键控制点形变后的位置与初始位置之间的距离，来表征该壁板的装配质量。依据右上壁板装配质量关键控制点的设计要求，关键控制点分布在蒙皮外侧径向边缘 1/3 处、2/3 处，共有 4 个关键控制点，图 3-4 所示为通过关键控制点 $KP_1\sim KP_4$ 来表征壁板的装配质量。

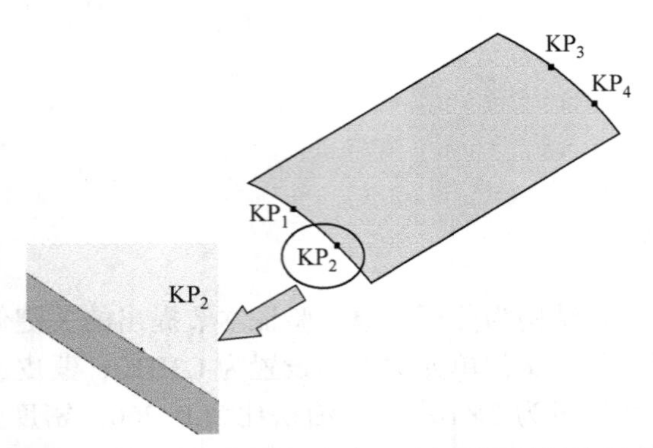

图 3-4　某型号飞机前机身右上壁板质量关键控制点

（2）右上壁板定位点制造偏差

根据《装配容差控制通用要求》整机装配中的公差规范，设定表 3-1 所示的钣金隔框 4 个定位点制造偏差，表 3-1 中 F1-P1 表示第一个钣金隔框第一个定位点的位置度偏差，其他定位点位置度的定义与 F1-P1 类似，不再赘述。

表 3-1　钣金隔框制造偏差　mm

偏差源	仿真次序				
	1	2	3	4	5
F1-P1	0. 80	0. 30	0. 50	0. 35	0. 47
F1-P2	0. 60	0. 25	0. 40	0. 30	0. 46
F1-P3	0. 60	0. 30	0. 50	0. 30	0. 35
F1-P4	0. 50	0. 20	0. 50	0. 30	0. 38
F2-P1	0. 70	0. 30	0. 50	0. 30	0. 41
F2-P2	0. 70	0. 30	0. 50	0. 30	0. 40
F2-P3	0. 70	0. 25	0. 50	0. 35	0. 42
F2-P4	0. 80	0. 20	0. 50	0. 30	0. 40
F3-P1	0. 70	0. 30	0. 60	0. 30	0. 46
F3-P2	0. 50	0. 25	0. 45	0. 35	0. 39
F3-P3	0. 70	0. 25	0. 40	0. 30	0. 40
F3-P4	0. 65	0. 20	0. 60	0. 30	0. 40

（3）蒙特卡罗装配偏差仿真

利用 3DCS 软件进行 5 架次右上壁板柔性装配仿真，仿真各关键控制点的形变量偏差，仿真结果见表 3-2。

表 3-2　关键控制点形变量偏差

mm

架次	关键控制点			
	KP_1	KP_2	KP_3	KP_4
1	0.65	2.02	1.91	2.18
2	2.35	1.88	2.05	2.50
3	4.50	3.50	3.59	4.23
4	2.50	3.40	2.60	2.20
5	2.95	2.25	3.23	2.88

3DCS 软件的 Geofactor 对每个关键控制点进行偏差赋值，通过装配将各偏差源进行累计，获得装配件的累计偏差。接着通过分析获得各偏差源对装配累计偏差的贡献度，从而得到各关键控制点对装配质量的影响。然后在利用 Geofactor 方法得到每个关键控制点对右上壁板整体装配质量的影响的基础上，将所有关键控制点的影响值进行平方和相加。最后用单点影响值的平方值除以平方和就能够得到综合贡献度。平等对待每架次的分析结果，经分析得到各偏差源对表征装配质量的关键控制点形变量的综合贡献度，见表 3-3。

表 3-3　各偏差源对装配质量控制点的综合贡献度

偏差源	各关键控制点的综合贡献度/%			
	KP_1	KP_2	KP_3	KP_4
F1-P1	6.2	5.4	6.4	3.7
F1-P2	5.6	8.3	4.7	7.2
F1-P3	6.3	5.6	7.1	5.4
F1-P4	6.9	8.4	9.6	8.6
F2-P1	6.6	6.2	6.5	8.2
F2-P2	18.8	20.0	17.6	16.9
F2-P3	8.4	8.7	8.2	1.7
F2-P4	8.3	6.4	8.7	8.4
F3-P1	9.3	8.0	5.2	9.2
F3-P2	7.2	5.9	8.6	7.6
F3-P3	6.9	7.8	8.5	8.2
F3-P4	9.6	9.6	9.1	8.1

平等对待每一个关键控制点，经分析得到各偏差源对右上壁板整体装配质量偏差的贡献度，见表 3-4。

表 3-4 各偏差源对右上壁板整体装配质量的综合贡献度

偏差源	贡献度/%
F1-P1	6.6
F1-P2	6.5
F1-P3	6.5
F1-P4	8.1
F2-P1	7.8
F2-P2	18.1
F2-P3	8.5
F2-P4	8.8
F3-P1	8.3
F3-P2	7.2
F3-P3	7.9
F3-P4	5.7

3.5.2 关键偏差源诊断

目前飞机装配采用激光跟踪仪测量装配质量关键控制点的偏差，激光跟踪仪是高精度测量设备，如型号为 AT402 的激光跟踪仪，在测量范围内绝对距离测量精度不超过 10μm，绝对距离重复性为 5μm，测量设备引入的误差与钣金隔框制造的偏差相比可以忽略不计。因此，在本案例中可忽略测量设备引入的测量误差。

（1）基于熵权法的右上壁板装配质量分量权重求解

①装配质量多属性评价矩阵构建。依据右上壁板各关键控制点的检测数据，构建右上壁板柔性装配质量多属性评价矩阵

$$
\boldsymbol{A}=\begin{pmatrix} 0.65 & 2.02 & 1.91 & 2.18 \\ 2.35 & 1.88 & 2.05 & 2.50 \\ 4.50 & 3.50 & 3.59 & 4.23 \\ 2.50 & 3.40 & 2.60 & 2.20 \\ 2.95 & 2.25 & 3.23 & 2.88 \end{pmatrix}
$$

②装配质量检测数据标准化处理。利用式（3-3）对多属性评价矩阵 $\boldsymbol{A}$ 进行标准化处理，得

$$\boldsymbol{A}' = \begin{pmatrix} 0.00 & 0.88 & 0.81 & 0.98 \\ 0.76 & 0.00 & 0.27 & 1.00 \\ 1.00 & 0.28 & 0.34 & 0.80 \\ 0.63 & 1.00 & 0.67 & 0.50 \\ 0.64 & 0.00 & 0.89 & 0.57 \end{pmatrix}$$

③装配质量分量比重矩阵确定。利用式（3-4）计算，得到装配质量检测数据比重矩阵

$$\boldsymbol{P} = \begin{pmatrix} 0.00 & 0.41 & 0.27 & 0.25 \\ 0.25 & 0.00 & 0.09 & 0.26 \\ 0.33 & 0.13 & 0.11 & 0.21 \\ 0.21 & 0.46 & 0.22 & 0.13 \\ 0.21 & 0.00 & 0.30 & 0.15 \end{pmatrix}$$

④装配质量分量信息熵求解。利用式（3-1）计算右上壁板装配质量分量的信息熵，得

$$\boldsymbol{H} = (0.85 \quad 0.61 \quad 0.94 \quad 0.98)$$

⑤装配质量分量差异性系数求解。利用式（3-6）计算各装配质量分量差异性系数，得

$$\boldsymbol{E} = (0.15 \quad 0.39 \quad 0.06 \quad 0.02)$$

⑥装配质量分量权重求解。利用式（3-7）计算各装配质量分量的熵权，得

$$\boldsymbol{\Omega} = (0.15 \quad 0.38 \quad 0.06 \quad 0.02)$$

（2）装配质量与其偏差源的关联度量化建模

依据式（3-8）构建第 1 个关键测量控制点的分析对比序列

$$\begin{cases} x_0 = (0.65 \quad 2.35 \quad 4.50 \quad 2.50 \quad 2.95) \\ x_1 = (0.80 \quad 0.20 \quad 0.30 \quad 0.25 \quad 0.30) \\ x_2 = (0.60 \quad 0.25 \quad 0.40 \quad 0.30 \quad 0.50) \\ x_3 = (0.30 \quad 0.30 \quad 0.20 \quad 0.20 \quad 0.25) \\ x_4 = (0.40 \quad 0.20 \quad 0.50 \quad 0.10 \quad 0.20) \\ x_5 = (0.70 \quad 0.30 \quad 0.80 \quad 0.30 \quad 0.20) \\ x_6 = (0.60 \quad 0.40 \quad 1.60 \quad 0.20 \quad 1.50) \\ x_7 = (0.70 \quad 0.25 \quad 0.10 \quad 0.25 \quad 0.20) \\ x_8 = (0.80 \quad 0.20 \quad 1.10 \quad 0.30 \quad 0.80) \\ x_9 = (1.00 \quad 0.30 \quad 0.60 \quad 0.20 \quad 0.10) \\ x_{10} = (0.50 \quad 0.25 \quad 0.10 \quad 0.25 \quad 0.30) \\ x_{11} = (0.70 \quad 0.25 \quad 0.20 \quad 0.30 \quad 0.70) \\ x_{12} = (0.80 \quad 0.20 \quad 0.10 \quad 0.20 \quad 1.20) \end{cases}$$

式中，x_0 为参考序列，x_1，x_2，…，x_{12} 为比较序列。

①分析对比序列初值化处理。利用式（3-9）分别对 $x_0 \sim x_{12}$ 进行初值化处理，得到新的对比序列

$$\begin{cases} x'_0 = (1.00 \quad 3.62 \quad 6.92 \quad 3.85 \quad 4.54) \\ x'_1 = (1.00 \quad 0.25 \quad 0.38 \quad 0.31 \quad 0.38) \\ x'_2 = (1.00 \quad 0.42 \quad 0.67 \quad 0.50 \quad 0.83) \\ x'_3 = (1.00 \quad 1.00 \quad 0.67 \quad 0.67 \quad 0.83) \\ x'_4 = (1.00 \quad 0.50 \quad 1.25 \quad 0.25 \quad 0.50) \\ x'_5 = (1.00 \quad 0.43 \quad 1.14 \quad 0.43 \quad 0.29) \\ x'_6 = (1.00 \quad 0.67 \quad 2.67 \quad 0.33 \quad 2.50) \\ x'_7 = (1.00 \quad 0.36 \quad 0.14 \quad 0.36 \quad 0.29) \\ x'_8 = (1.00 \quad 0.25 \quad 1.38 \quad 0.38 \quad 1.00) \\ x'_9 = (1.00 \quad 0.30 \quad 0.60 \quad 0.20 \quad 0.10) \\ x'_{10} = (1.00 \quad 0.50 \quad 0.20 \quad 0.50 \quad 0.60) \\ x'_{11} = (1.00 \quad 0.36 \quad 0.29 \quad 0.43 \quad 1.00) \\ x'_{12} = (1.00 \quad 0.25 \quad 0.13 \quad 0.25 \quad 1.50) \end{cases}$$

②装配质量与偏差源之间的灰色绝对关联度求解。利用式（3-11）分别对 x'_0，x'_1，x'_2，…，x'_{12}进行始点零化处理，得

$$\begin{cases} x''_0 = (0.00 \quad 2.62 \quad 5.92 \quad 2.85 \quad 3.54) \\ x''_1 = (0.00 \quad -0.75 \quad -0.63 \quad -0.69 \quad -0.63) \\ x''_2 = (0.00 \quad -0.58 \quad -0.33 \quad -0.50 \quad -0.17) \\ x''_3 = (0.00 \quad 0.00 \quad -0.33 \quad -0.33 \quad -0.17) \\ x''_4 = (0.00 \quad -0.50 \quad 0.25 \quad -0.75 \quad -0.50) \\ x''_5 = (0.00 \quad -0.57 \quad 0.14 \quad -0.57 \quad -0.71) \\ x''_6 = (0.00 \quad -0.33 \quad 1.67 \quad -0.67 \quad 1.50) \\ x''_7 = (0.00 \quad -0.64 \quad -0.86 \quad -0.64 \quad -0.71) \\ x''_8 = (0.00 \quad -0.75 \quad 0.38 \quad -0.63 \quad 0.00) \\ x''_9 = (0.00 \quad -0.70 \quad -0.40 \quad -0.80 \quad -0.90) \\ x''_{10} = (0.00 \quad -0.50 \quad -0.80 \quad -0.50 \quad -0.40) \\ x''_{11} = (0.00 \quad -0.64 \quad -0.71 \quad -0.57 \quad 0.00) \\ x''_{12} = (0.00 \quad -0.75 \quad -0.88 \quad -0.75 \quad 0.50) \end{cases}$$

利用式（3-14）分别对 $x''_0 \sim x''_{12}$关于测量次序积分，得 $\xi_0 = 13.15$，$\xi_1 = -2.38$，$\xi_2 = -1.50$，$\xi_3 = -0.75$，$\xi_5 = -1.25$，$\xi_6 = -1.36$，$\xi_7 = -1.42$，$\xi_8 = -1.00$，$\xi_9 = -2.35$，$\xi_{10} = -2.00$，$\xi_{11} = -1.93$，$\xi_{12} = -2.13$。

利用式（3-15）计算各偏差分量和装配质量之间的灰色绝对关联度，得 $\lambda_{01} = 0.43$，$\lambda_{02} = 0.45$，$\lambda_{03} = 0.45$，$\lambda_{04} = 0.52$，$\lambda_{05} = 0.48$，$\lambda_{06} = 0.84$，$\lambda_{07} = 0.62$，$\lambda_{08} = 0.59$，$\lambda_{09} =$

0.54，$\lambda_{10}=0.48$，$\lambda_{11}=0.46$，$\lambda_{12}=0.62$。

③右上壁板装配质量与装配偏差之间的灰色相对关联度求解。利用式（3-18）计算各偏差分量和装配质量之间的灰色相对关联度，得 $\gamma_{01}=0.47$，$\gamma_{02}=0.51$，$\gamma_{03}=0.54$，$\gamma_{04}=0.59$，$\gamma_{05}=0.55$，$\gamma_{06}=0.94$，$\gamma_{07}=0.66$，$\gamma_{08}=0.67$，$\gamma_{9}=0.58$，$\gamma_{10}=0.46$，$\gamma_{11}=0.50$，$\gamma_{12}=0.66$。

④装配质量与偏差源之间的灰色综合关联度。式（3-19）中，当分辨系数 θ 取 0.5 时，灰色绝对关联度和灰色相对关联度所占据的比重相同，关联信息集中。当分辨系数 θ 小于 0.5 时，灰色综合关联度倾向于非唯一性，造成的结果可比性差。当分辨系数 θ 大于 0.5 时，灰色综合关联度倾向于不规范性，难以保证结果的稳定性。因此，为提高关联系数之间的差异显著性，使关联信息集中，取 $\theta=0.5$。

利用式（3-19）计算装配质量序列和装配偏差检测序列之间的灰色综合关联度，得到表 3-5 所示的右上壁板各偏差源与关键控制点偏差之间的灰色综合关联度。

表 3-5　偏差源与关键控制点偏差之间的灰色综合关联度

灰色综合关联度	关键控制点			
	KP_1	KP_2	KP_3	KP_4
ρ_{01}	0.45	0.51	0.50	0.51
ρ_{02}	0.48	0.57	0.57	0.58
ρ_{03}	0.49	0.62	0.61	0.62
ρ_{04}	0.55	0.68	0.67	0.68
ρ_{05}	0.51	0.62	0.61	0.63
ρ_{06}	0.89	1.00	0.96	0.97
ρ_{07}	0.64	0.72	0.72	0.73
ρ_{08}	0.63	0.78	0.77	0.79
ρ_{09}	0.56	0.64	0.63	0.64
ρ_{10}	0.47	0.56	0.55	0.56
ρ_{11}	0.48	0.57	0.56	0.58
ρ_{12}	0.64	0.72	0.72	0.73

（3）右上壁板偏差源重要度综合评价

利用式（3-20），综合熵权 $\boldsymbol{\Omega}$ 和表 3-5，经计算获得装配质量和装配偏差源之间的关联程度：$\psi_{01}=0.070$、$\psi_{02}=0.063$、$\psi_{03}=0.066$、$\psi_{04}=0.078$、$\psi_{05}=0.082$、$\psi_{06}=0.175$、$\psi_{07}=0.085$、$\psi_{08}=0.090$、$\psi_{09}=0.080$、$\psi_{010}=0.069$，$\psi_{011}=0.074$、$\psi_{012}=0.068$。$\psi_{01}\sim\psi_{12}$ 中，ψ_{06} 的值明显大于其他值，故影响该壁板装配质量的关键偏差源是第二个隔框的第二个定位点的位置度偏差。

3.5.3 数据分析

综合关键偏差源诊断的计算值与基于 3DCS 仿真的结果得到偏差源诊断数据见表 3-6。

表 3-6 3DCS 仿真与检测数据挖掘的偏差源诊断数据 (%)

误差源	贡献度	
	仿真值	计算值
F1-P1	6.6	7.0
F1-P2	6.5	6.3
F1-P3	6.5	6.6
F1-P4	8.1	7.8
F2-P1	7.8	8.2
F2-P2	18.1	17.5
F2-P3	8.5	8.5
F2-P4	8.8	9.0
F3-P1	8.3	8.0
F3-P2	7.2	6.9
F3-P3	7.9	7.4
F3-P4	5.7	6.8

对比表 3-6 中的 3DCS 仿真数据和提出的关键偏差源诊断数据可知以下内容。

①整张蒙皮的材料和厚度完全相同，各桁条、钣金隔框材料也分别相同，各桁条、钣金隔框均等距安装，各装配件的连接形式也完全一样。但由于该壁板外形是变曲率曲面，使蒙皮为变曲率薄壁件，并且钣金隔框外形尺寸不尽相同，导致各偏差源对壁板装配质量的影响程度存在较大差异，波动范围为 5.7%~18.1%。

②两种方法均得出影响右上壁板装配质量的关键偏差源为 F2-P2 点的位置度偏差。因此，要提高右上壁板的装配精度，应当减少该点的制造误差，这样可获得较好效果，对指导壁板设计和制造均具有明显的指导意义。

③两种方法得出的偏差源重要程度排序存在一定的差异，如 F3-P4 点。其主要原因是 3DCS 仿真软件采用均等权重法对装配质量属性进行加权，而 3.5.2 节提出的诊断方法采用了基于挖掘装配质量检测数据潜在信息的熵权法对装配质量属性进行赋权的策略，因此，3.5.2 节提出的关键偏差源诊断方法更能客观地量化偏差源的重要程度。

3.6 本章小结

（1）本章针对飞机结构件装配质量与其偏差源之间呈现非线性、多层级强耦合、不确

定度大的传递关系，提出一种小样本检测数据驱动的飞机结构件装配质量关键偏差源诊断方法，该方法能客观地诊断出影响飞机结构件装配质量的关键偏差源，避免了复杂的建模过程，提高了偏差分析效率。

（2）飞机右上壁板装配案例分析结果表明，3DCS 软件仿真和本章提出的关键偏差源诊断方法均诊断出影响右上壁板装配质量的关键偏差源为 F2-P2 点的位置度偏差。但由于 DCS 软件仿真采用均等权重法对装配质量属性进行加权，而 3. 5. 2 节提出的诊断方法采用了基于挖掘装配质量检测数据潜在信息的熵权法对装配质量属性进行赋权，使两种方法得出的偏差源重要程度排序存在一定的差异。对比两种赋权策略可知，3. 5. 2 节提出的关键偏差源诊断方法更能客观地量化偏差源的重要程度。

第4章 复杂薄壁结构关键偏差源诊断

与普通结构件相比，复杂薄壁结构装配层级更多，装配偏差传递路径更复杂，其偏差传递机理更难揭示。为此，本章引入传递熵和复杂网络理论，将深度优先遍历算法与度中心性进行融合，提出基于复杂网络和加权传递熵的复杂薄壁结构装配传递与关键偏差源诊断方法。

①结合复杂网络理论和装配特征数，构建复杂薄壁结构装配偏差传递复杂网络。

②定义偏差信息传播函数，量化在装配过程中节点间偏差传递大小和方向。其次，融合信息熵与肯德尔（Kendall）系数，对各网络节点的重要程度进行评估，依据节点重要程度对偏差传递分量赋权。

③依据深度优先遍历算法，搜索结构件偏差传递路径；

④融合度中心性和全局传递熵，从网络拓扑结构和偏差信息传播两个不同视角共同揭示复杂薄壁结构铆接装配偏差传递与累积机制，从而实现关键偏差源的诊断。

4.1 复杂结构装配偏差传递流程

飞机复杂结构装配是按照相关的装配顺序明确一系列装配单元的相对位置，并且利用工装夹具等专用设备来固定彼此位姿状态的过程。通过融合装配单元的几何结构、尺寸和装配阶段的相对位姿关系，构建装配单元、工装夹具等影响因素与装配体质量、精度、性能等指标的数学映射关系，来详细分析装配偏差传递机理。飞机整机装配使用了大量的零部件，由于在产品装配过程中其尺寸偏差波动范围相对较广，因此容易降低飞机整机质量的稳定性。对于飞机整机装配过程，以零部件为飞机产品质量属性载体，伴随着各个装配工序进行动态累积、耦合和传递，提取零部件表面关键特征以抽象化为网络节点，装配工艺顺序依次构成网络连接关系，形成了装配偏差网络图，最终对飞机装配质量造成影响，导致整机装配质量的不稳定性与不确定性。

在飞机的多层级装配过程中，装配偏差可能是由零件制造误差、夹具定位误差、装配弹性变形等因素造成的。不同的装配工序存在不同种类、大小差异化的误差。不同误差随着装配工序的不断推进，在飞机构件中存在着传递、积累和演化的关系，例如，装配时结合面的定位误差可能受某基准表面粗糙度误差的影响。通过复杂网络图能够清晰描述这些关系，把多层级装配过程当作一个复杂系统，结合装配工艺信息与实测数据，引入基于不确定性理论的信息熵法，构建装配偏差传递熵网络模型。

装配偏差模型分析通过建立零件、工装夹具等偏差与装配体偏差之间关系的数学模

型，进行装配偏差传递分析，从而合理地、准确地预测装配偏差波动范围，继而为飞机产品的公差设计、分配和优化方案提供了有效的理论与技术基础，是数字化装配偏差控制及优化技术的重要支撑。

飞机复杂薄壁结构装配偏差信息传递网络流程如图 4-1 所示。首先从产品装配工艺信息出发，把飞机结构件多层级装配过程抽象化为复杂系统，基于飞机结构件零件的加工特征信息、装配顺序与装配协调关系，构建装配信息协调树。然后提取零部件表面关键特征并抽象化为网络节点，装配工艺顺序依次构成网络连接关系，构建装配偏差传递网络。最后融合基于不确定性理论的信息熵法与复杂网络，定义并计算装配偏差传递熵，确定装配偏差传递熵网络模型，以定量分析飞机结构件装配偏差传递机制。

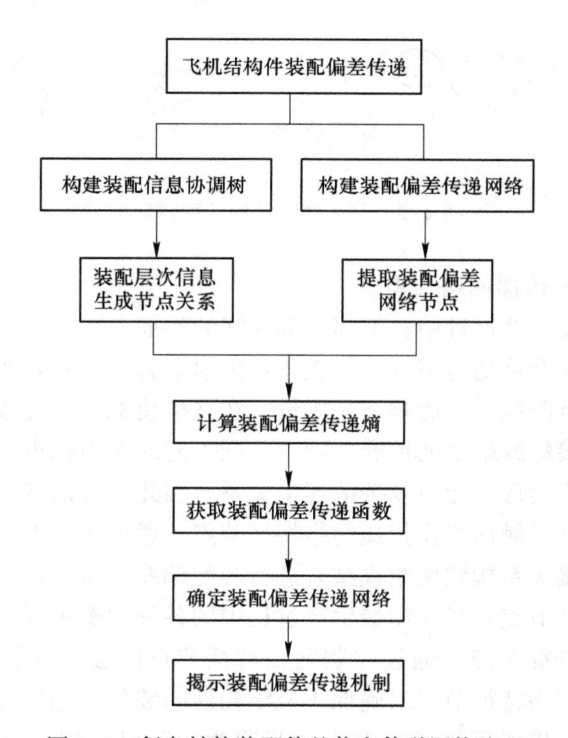

图 4-1　复杂结构装配偏差信息传递网络流程

4.2　装配偏差传递复杂网络构建

（1）创建装配特征树

在复杂薄壁结构的装配过程中，装配特征表面会相互接触或结合，伴随着接触或者结合，装配特征偏差会向下一层级装配单元传递，最终形成复杂薄壁结构的总偏差。鉴于此，本节依据复杂薄壁结构的装配工艺信息，获取装配单元的装配特征，明确装配顺序，构建图 4-2 所示的装配特征树。

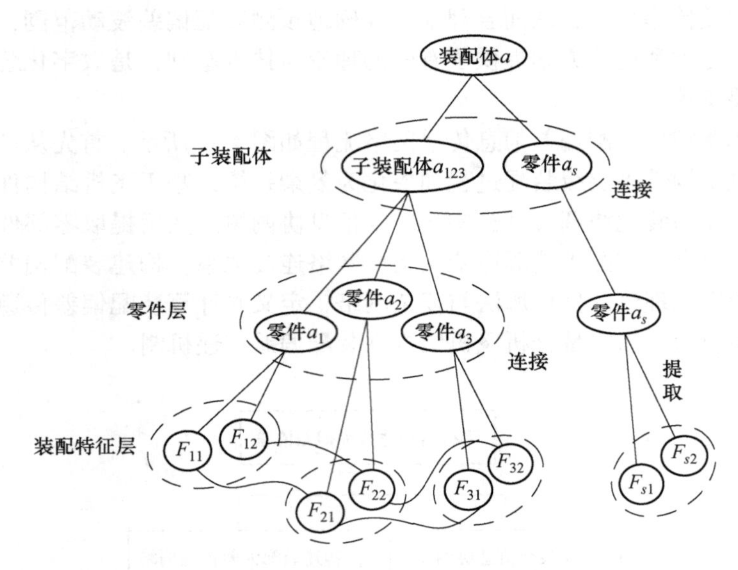

图 4-2　复杂薄壁结构装配特征树

（2）提取装配偏差传递网络节点

在飞机产品的装配工艺过程中，不同零部件间的特征表面可能会彼此接触或结合，不同零件的制造误差往往会伴随着该方式依次累积传递下去，从而导致下级装配单元出现偏差，最终使产品产生装配偏差，影响产品质量。在飞机装配工艺过程中，某个零件往往会出现和多个装配单元接触或结合的情况。随着装配工艺的不断推进，零件在形成不同组件后的产品装配环节可能会形成相对复杂的连接关系。因此，可以基于复杂网络理论，把各个不同零部件中的关键接触面当作传递网络特征节点，通过装配工艺来确定连接关系，利用网络节点和装配连接关系构建网络模型来进行装配偏差传递的分析。

装配偏差传递网络节点是指在制造生产过程中的各种制造单元、工序、装配工艺等能够影响此网络性能的特征节点，通过控制网络特征节点能够确保装配偏差传递网络的稳定。因此，提取传递网络特征节点对确保飞机结构件的装配偏差传递、偏差源识别相当重要。一般提取装配偏差传递网络特征节点的步骤为：①对装配偏差传递网络进行特征分析，利用常规方法识别提取特征节点，如节点重要度、平均路径长度等；②利用度中心性、半局部中心性等算法对偏差源特征进行分析，确定装配偏差传递熵网络中的特征节点。

在装配过程中，依据产品装配加工工艺，能够提取网络的装配特征节点，例如，不同接触面间的质量属性。不同装配节点彼此间的连接关系是通过装配加工工艺及提取的网络装配特征节点来确定的。连接关系一般有三种情况：①面与面彼此直接接触；②以基准面进行定位；③接触面间有相对距离。对于第一种情况，误差以接触传递方式进行累积传递；对于第二种情况，因基准面定位误差造成的装配误差也会影响产品的最终质量及性能；对于第三种情况，接触面间相对距离的误差同样会影响产品的稳定性、影响产品的质量。

（3）创建装配偏差传递复杂网络

装配特征树可以描述装配层级信息、零件与零件的装配关系，并提取到各装配零件的特征信息，却无法获取各装配特征的重要程度。复杂网络理论中的节点、连接边与装配过程中的零件特征、偏差信息传递相吻合，并且其中的度中心性理论可以从网络拓扑结构视角描述各节点的重要程度，使诊断出的关键偏差源更加准确。

为此，引入复杂网络描述偏差传递过程，以网络节点表示装配特征，连接边表示特征间的装配关系，构建装配偏差传递复杂网络。将偏差传递复杂网络记为 $G=\{U, E, W\}$，其中，U 表示网络的节点集合，即各零件的装配特征；E 表示网络的连接边集合，即装配特征之间的装配关系；W 表示节点间偏差传递关系，即装配特征间偏差信息传递量的大小。此外，用 Z 表示节点的数量，$Z\times Z$ 邻接矩阵 $\boldsymbol{M}$ 表示偏差传递网络中各节点装配情况，其中 $\boldsymbol{M}(i, j)=1$ 表示节点 U_i 与 U_j 有装配关系，否则为 0。

4.3　基于加权传递熵的装配偏差传递

（1）基于传递熵的装配偏差传递量化描述

将偏差传递网络 L_α 层中节点 $U_{L_\alpha}^{\mu}$ 的装配特征偏差记为 $\boldsymbol{\delta}_{U_{L_\alpha}^{\mu}}=\{\delta_{U_{L_\alpha}^{\mu 1}}, \delta_{U_{L_\alpha}^{\mu 2}}, \cdots, \delta_{U_{L_\alpha}^{\mu n}}\}$，式中 n 为装配次数；将 L_β 层中节点 $U_{L_\beta}^{\nu}$ 的装配特征偏差记为 $\boldsymbol{\delta}_{U_{L_\beta}^{\nu}}=\{\delta_{U_{L_\beta}^{\nu 1}}, \delta_{U_{L_\beta}^{\nu 2}}, \cdots, \delta_{U_{L_\beta}^{\nu n}}\}$。用传递熵 $T_{U_{L_\alpha}^{\mu}\to U_{L_\beta}^{\nu}}$ 量化节点 $U_{L_\alpha}^{\mu}$ 与节点 $U_{L_\beta}^{\nu}$ 之间的偏差传递关系

$$T_{U_{L_\alpha^{\mu}}\to U_{L_\beta}^{\nu}}=\sum p(\delta_{U_{L_\alpha}^{\mu(n+1)}}, \delta_{U_{L_\alpha}^{\mu n}}{}^{(\tau_1)}, \delta_{U_{L_\beta}^{\nu n}}{}^{(\tau_2)})\lg\frac{p(\delta_{U_{L_\alpha}^{\mu(n+1)}} \mid \delta_{U_{L_\alpha}^{\mu n}}{}^{(\tau_1)}, \delta_{U_{L_\beta}^{\nu n}}{}^{(\tau_2)})}{p(\delta_{U_{L_\alpha}^{\mu(n+1)}} \mid \delta_{U_{L_\alpha}^{\mu n}}{}^{(\tau_1)})} \tag{4-1}$$

式（4-1）中，$p(\delta_{U_{L_\alpha}^{\mu(n+1)}}, \delta_{U_{L_\alpha}^{\mu n}}{}^{(\tau_1)}, \delta_{U_{L_\beta}^{\nu n}}{}^{(\tau_2)})$ 为 $\delta_{U_{L_\alpha}^{\mu(n+1)}}$、$\delta_{U_{L_\alpha}^{\mu n}}{}^{(\tau_1)}$ 和 $\delta_{U_{L_\beta}^{\nu n}}{}^{(\tau_2)}$ 的联合概率密度；$p(\delta_{U_{L_\alpha}^{\mu(n+1)}} \mid \delta_{U_{L_\alpha}^{\mu n}}{}^{(\tau_1)})$ 为条件概率；τ_1、τ_2 分别为 $\delta_{U_{L_\alpha}^{\mu n}}$ 和 $\delta_{U_{L_\beta}^{\nu n}}$ 的阶数。

为避免高维概率密度函数的计算，令 $\tau_1=\tau_2=1$，将式（4-1）改写为

$$T_{U_{L_\alpha}^{\mu}\to U_{L_\beta}^{\nu}}=\sum p(\delta_{U_{L_\alpha}^{\mu(n+1)}}, \delta_{U_{L_\alpha}^{\mu n}}, \delta_{U_{L_\beta}^{\nu n}})\lg\frac{p(\delta_{U_{L_\alpha}^{\mu(n+1)}} \mid \delta_{U_{L_\alpha}^{\mu n}}, \delta_{U_{L_\beta}^{\nu n}})}{p(\delta_{U_{L_\alpha}^{\mu(n+1)}} \mid \delta_{U_{L_\alpha}^{\mu n}})} \tag{4-2}$$

式（4-2）中，$p(\delta_{U_{L_\alpha}^{\mu(n+1)}} \mid \delta_{U_{L_\alpha}^{\mu n}})=p\dfrac{(\delta_{U_{L_\alpha}^{\mu(n+1)}}\delta_{U_{L_\alpha}^{\mu n}})}{p\ (\delta_{U_{L_\alpha}^{\mu n}})}$。

由式（4-2）可知，要计算 $T_{U_{L_\alpha}^{\mu}\to U_{L_\beta}^{\nu}}$，需采取有效的概率密度估计。核密度估计不需要数据分布的先验知识，不附加任何假定的数据分布，满足飞机小批量研制特点。因此，引入核密度估计，定义 L_α 层各装配特征偏差的概率密度

$$p(\delta_{U_{L_\alpha}^{\mu x}})=\frac{1}{n-2h-1}\sum_{y=1}^{n}K(\varepsilon-\|\delta_{U_{L_\alpha}^{\mu x}}-\delta_{U_{L_\alpha}^{\mu y}}\|) \tag{4-3}$$

式（4-3）中，h 为 Theiler 窗口尺寸，用于消除核密度估计所产生的偏差；ε 为核密度函数带宽；$K(\cdot)$ 为单位阶跃函数

$$K(\varepsilon - \| \delta_{U_{L_\alpha}^{\mu x}} - \delta_{U_{L_\alpha}^{\mu y}} \|) = \begin{cases} 1, & \varepsilon - \| \delta_{U_{L_\alpha}^{\mu x}} - \delta_{U_{L_\alpha}^{\mu y}} \| \geqslant 0 \\ 0, & \varepsilon - \| \delta_{U_{L_\alpha}^{\mu x}} - \delta_{U_{L_\alpha}^{\mu y}} \| < 0 \end{cases} \tag{4-4}$$

式（4-3）和（4-4）中，$\| \delta_{U_{L_\alpha}^{\mu x}} - \delta_{U_{L_\alpha}^{\mu y}} \|$ 为装配特征偏差的距离范数。

同理，定义 L_β 层各装配特征偏差的概率密度。联立式（4-2）~式（4-4），可得装配特征偏差之间的传递熵

$$T_{U_{L_\alpha}^{\mu} \to U_{L_\beta}^{\nu}} = \frac{1}{n} \sum \lg \frac{p(\delta_{U_{L_\alpha}^{\mu(n+1)}}, \delta_{U_{L_\alpha}^{\mu n}}, \delta_{U_{L_\beta}^{\nu n}}) p(\delta_{U_{L_\alpha}^{\mu n}})}{p(\delta_{U_{L_\alpha}^{\mu n}}, \delta_{U_{L_\beta}^{\nu n}}) p(\delta_{U_{L_\alpha}^{\mu(n+1)}}, \delta_{U_{L_\alpha}^{\mu n}})} \tag{4-5}$$

（2）节点重要度赋权

传递熵未能考虑到各节点重要程度的差异。信息熵能衡量节点所提供的偏差信息量大小，肯德尔系数能衡量节点与节点之间的关联性，为此，引入信息熵和肯德尔系数，从信息量大小和节点之间的关联程度两个不同角度，客观量化节点的重要度，以克服基于经验的节点重要度赋权方法的不足。

①构建各节点偏差矩阵

$$\boldsymbol{A} = \begin{bmatrix} \delta_{U_1}^1 & \delta_{U_2}^1 & \cdots & \delta_{U_Z}^1 \\ \vdots & \vdots & \ddots & \vdots \\ \delta_{U_1}^k & \delta_{U_2}^k & \cdots & \delta_{U_Z}^k \\ \vdots & \vdots & \ddots & \vdots \\ \delta_{U_1}^n & \delta_{U_2}^n & \cdots & \delta_{U_Z}^n \end{bmatrix} \tag{4-6}$$

式中，Z 为复杂网络节点数；$\delta_{U_Z}^k$ 为节点的偏差检测数据。

②构建偏差检测数据比重矩阵

$$\boldsymbol{P} = \begin{bmatrix} P_{U_1}^1 & P_{U_2}^1 & \cdots & P_{U_Z}^1 \\ \vdots & \vdots & \ddots & \vdots \\ P_{U_1}^k & P_{U_2}^k & \cdots & P_{U_Z}^k \\ \vdots & \vdots & \ddots & \vdots \\ P_{U_1}^n & P_{U_2}^n & \cdots & P_{U_Z}^n \end{bmatrix} \tag{4-7}$$

其中，$P_{U_Z}^k$ 为偏差检测数据比重，其计算方式如下

$$P_{U_Z}^k = \frac{\delta_{U_Z}^k}{\sum_{k=1}^{n} \delta_{U_Z}^k} \tag{4-8}$$

③计算节点信息熵 H_{U_1}，H_{U_2}，…，H_{U_i}，…，H_{U_Z}

$$H_{U_i} = -\frac{1}{\ln n} \sum_{k=1}^{n} P_{U_i}^k \ln P_{U_i}^k \tag{4-9}$$

④求解节点信息熵权重 e_{U_1}，e_{U_2}，…，e_{U_i}，…，e_{U_Z}

$$e_{U_i}=\frac{1-H_{U_i}}{\sum_{i=1}^{Z}1-H_{U_i}} \tag{4-10}$$

⑤两装配节点间的肯德尔相关系数

对于都具有 n 个装配偏差数据的节点 U_i 与 U_j，$U_i=\{\delta_{U_i}^1, \delta_{U_i}^2, \cdots, \delta_{U_i}^n\}$ 和 $U_j=\{\delta_{U_j}^1, \delta_{U_j}^2, \cdots, \delta_{U_j}^n\}$，数据对是指同次装配对应的两个节点偏差数据，即（$\delta_{U_i}^x$，$\delta_{U_j}^x$）或（$\delta_{U_i}^y$，$\delta_{U_j}^y$），计算数据对（$\delta_{U_i}^x$，$\delta_{U_j}^x$）与（$\delta_{U_i}^y$，$\delta_{U_j}^y$）是否相关联

$$\begin{cases}\text{相关联数据对，}(\delta_{U_i}^x-\delta_{U_i}^y)(\delta_{U_j}^x-\delta_{U_j}^y)>0\\ \text{不关联数据对，}(\delta_{U_i}^x-\delta_{U_i}^y)(\delta_{U_j}^x-\delta_{U_j}^y)<0\end{cases} \tag{4-11}$$

计算节点 U_i 与 U_j 的肯德尔相关系数

$$g_{i,j}=\frac{2(n_c-n_d)}{n(n-1)} \tag{4-12}$$

式中，n_c 和 n_d 分别为相关联和不关联的数据对个数。

⑥各节点与其他节点间的整体肯德尔相关系数

$$\eta_{U_i}=\frac{\sum_{j=1}^{Z}g_{i,j}}{Z} \tag{4-13}$$

⑦各节点肯德尔系数权重

$$\lambda_{U_i}=\frac{\eta_{U_i}}{\sum_{i=1}^{Z}\eta_{U_i}} \tag{4-14}$$

⑧综合信息熵权重和肯德尔系数权重，得到各节点偏差传递权重

$$\rho_{U_i}=\frac{\dfrac{e_{U_i}}{\lambda_{U_i}}}{\sum_{i=1}^{Z}\dfrac{e_{U_i}}{\lambda_{U_i}}} \tag{4-15}$$

（3）基于加权传递熵的装配偏差传递函数构建

依据 ρ_{U_i} 对偏差传递熵进行加权，得节点 $U_{L_\alpha}^\mu$ 与节点 $U_{L_\beta}^\nu$ 之间的偏差传递关系

$$\delta_{U_{L_\alpha}^\mu\to U_{L_\beta}^\nu}=\rho_{U_{L_\alpha}^\mu}T_{U_{L_\alpha}^\mu\to U_{L_\beta}^\nu} \tag{4-16}$$

对式（4-16）进行扩展，得 L_α 层各节点对节点 $U_{L_\beta}^\nu$ 的偏差传递关系

$$\delta_{U_{L_\beta}^\nu}^*=\sum_{\mu=1}^{z_\alpha}\delta_{U_{L_\alpha}^\mu\to U_{L_\beta}^\nu} \tag{4-17}$$

联立式（4-16）与式（4-17），得节点 $U_{L_\alpha}^\mu$ 对节点 $U_{L_\beta}^\nu$ 的偏差传递贡献度

$$\omega_{U_{L_\alpha}^\mu\to U_{L_\beta}^\nu}=\frac{\delta_{U_{L_\alpha}^\mu\to U_{L_\beta}^\nu}}{\delta_{U_{L_\beta}^\nu}^*} \tag{4-18}$$

式（4-18）中，$\omega_{U^{\mu}_{L_\alpha}\to U^{\nu}_{L_\beta}}$ 越大，则节点 $U^{\mu}_{L_\alpha}$ 对节点 $U^{\mu}_{L_\beta}$ 的影响程度越大。

图 4-3 所示为利用式（4-18）计算所得的加权偏差传递熵描述装配偏差之间的传递与累积关系的示意图。

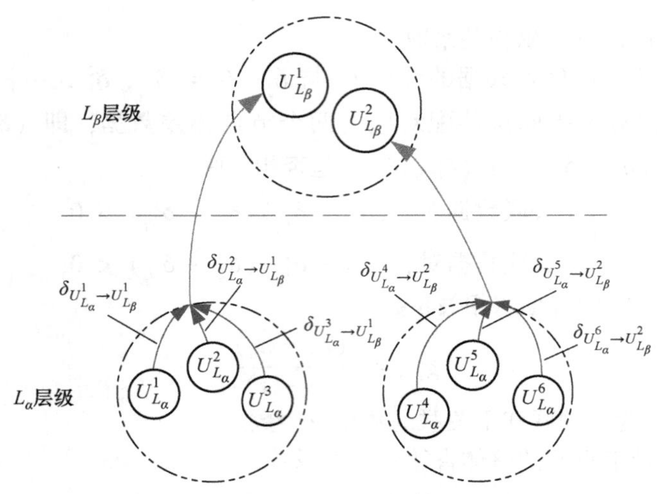

图 4-3　复杂薄壁结构装配偏差传递复杂网络

4.4　面向复杂装配过程的关键偏差源诊断

4.4.1　复杂薄壁结构关键偏差源诊断流程

偏差传递复杂网络的结构复杂、节点众多，如不经区别就直接用于装配质量控制，则将不能抓住关键要素。如图 4-4 所示，利用复杂网络描述装配结构的拓扑关系，利用装配特征传递熵描述装配偏差传递的因果关系。首先依据复杂薄壁结构装配工艺信息划分装配单元、明确装配顺序，基于装配单元和装配顺序构建装配特征树。其次将装配特征视为网络节点，构建装配偏差传递复杂网络。再次引入信息论中的信息熵理论，来定义偏差传递熵，构建基于传递熵的装配偏差传递函数以量化网络节点间的偏差传递大小和方向。然后引入信息熵和肯德尔系数，客观量化网络节点的重要度，依据重要度权重对偏差传递熵进行加权。最后利用深度优先遍历算法搜索偏差传递路径，依据传递熵量化偏差传递的大小，融合复杂网络度中心性，识别出影响复杂薄壁结构装配质量的关键偏差源。

4.4.2　复杂薄壁结构装配偏差传递路径搜索

如图 4-5 所示，引入深度优先遍历算法，搜索偏差传递路径流程。首先将偏差源记录为偏差传递路径的起点。其次以偏差源为起始点，探寻该偏差源所能传递到的下一个装配特征节点，并记录该装配特征节点。然后基于该装配特征节点，继续向前探寻并不断记录

偏差所能传递的下一个装配特征节点，直至未能找到偏差传递的下一个装配特征节点。再判断是否所有装配特征节点均被探寻，若存在未被探寻的装配特征节点，则返回上级继续探寻。最后若返回至偏差源仍存在未被记录的装配特征节点，则寻找其他偏差源，继续上述流程直至所有装配特征节点均被探寻到并记录所有偏差传递路径。

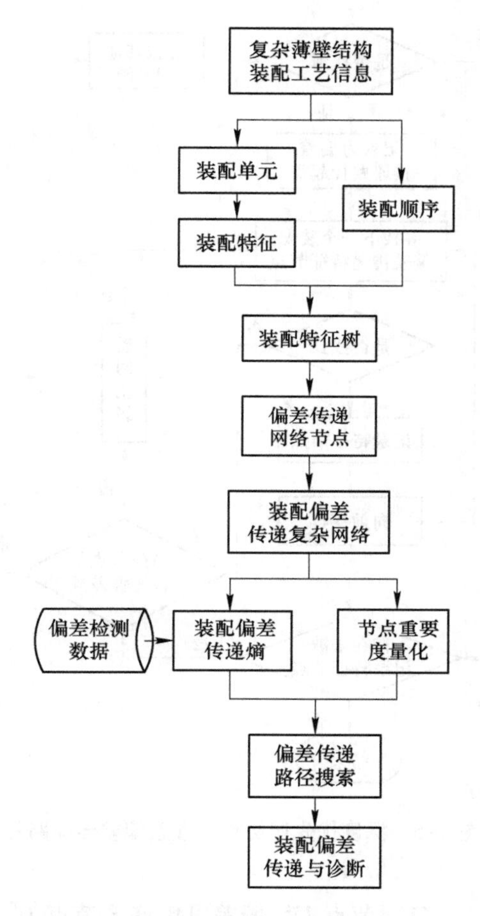

图 4-4　复杂薄壁结构装配关键偏差源诊断

4.4.3　复杂薄壁结构关键偏差源诊断

（1）量化节点重要程度

度中心性是判断网络中节点重要程度的指标，为此，引入度中心性，用度中心性表示偏差传递网络节点在偏差传递网络中的重要程度

$$C_{U^{\mu}_{L_\alpha}} = \frac{1}{Z-1}\sum_{\phi=1}^{\vartheta}\sum_{\chi=1}^{z_\phi} m_{U^{\mu}_{L_\alpha} U^{\chi}_{L_\phi}} \tag{4-19}$$

式（4-19）中，$C_{U^{\mu}_{L_\alpha}}$ 为节点 $U^{\mu}_{L_\alpha}$ 的度中心性；$U^{\chi}_{L_\phi}$ 为 L_ϕ 层级中第 χ 个网络节点；z_ϕ 为 L_ϕ 层级中的节点总数；ϑ 为总装配层级数。

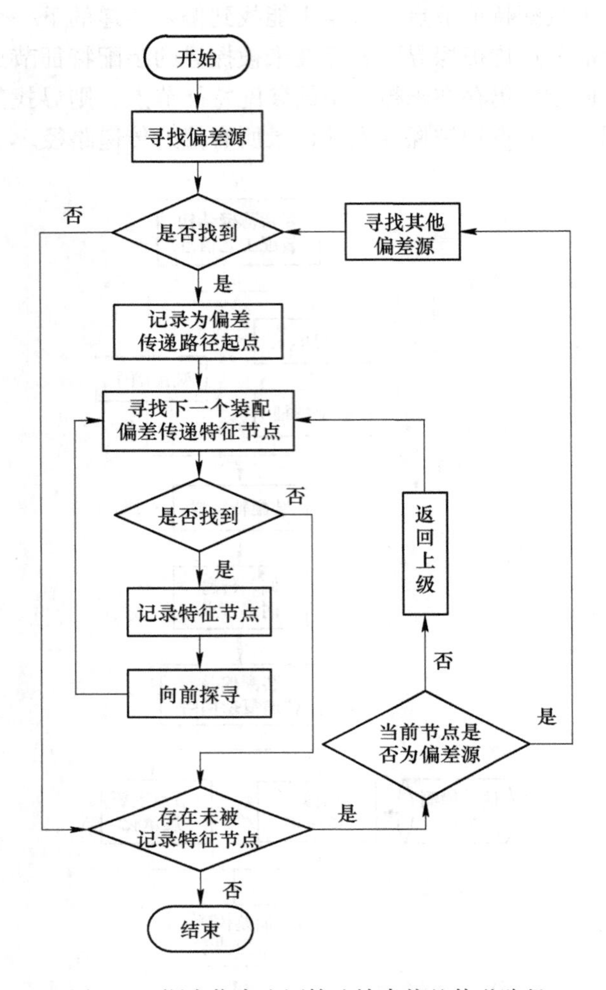

图 4-5　深度优先遍历算法搜索偏差传递路径

$$m_{U^{\mu}_{L_\alpha} U^{\chi}_{L_\phi}} = \begin{cases} 1，节点\ U^{\mu}_{L_\alpha}\ 偏差可传递至节点\ U^{\chi}_{L_\phi}， \\ 0，节点\ U^{\mu}_{L_\alpha}\ 偏差不可传递至节点\ U^{\chi}_{L_\phi}。 \end{cases}$$

（2）装配偏差贡献度计算

联立式（4-18）和式（4-19），从网络拓扑结构和偏差信息传播两个不同视角共同挖掘出影响复杂薄壁结构装配精度的关键要素，将偏差源对复杂薄壁结构装配偏差的总贡献度 ψ 定义为

$$\psi_{U^{\mu}_{L_\alpha}} = \frac{\prod(\omega_{U^{\mu}_{L_\alpha} \to U^{\nu}_{L_\beta}} C_{U^{\mu}_{L_\alpha}})}{\sum_{\mu=1}^{z_\alpha} \left(\prod(\omega_{U^{\mu}_{L_\alpha} \to U^{\nu}_{L_\beta}} C_{U^{\mu}_{L_\alpha}})\right)} \tag{4-20}$$

式（4-20）中，$\psi_{U^{\mu}_{L_\alpha}}$ 为偏差源 $U^{\mu}_{L_\alpha}$ 对复杂薄壁结构装配偏差的总贡献度。

依据 ψ 进行排序，ψ 值越大，表示该偏差源对复杂薄壁结构装配偏差的影响程度越大，越可能是关键偏差源。

4.5　案例分析

飞机中央翼盒结构件是典型的复杂薄壁结构，以某型号飞机中央翼盒为研究对象。如图 4-6 所示，该型号飞机的中央翼盒由上壁板蒙皮、上壁板桁条、下壁板蒙皮、下壁板桁条等零件铆接而成。3DCS 软件是典型的飞机装配公差仿真分析软件，可以实现刚柔耦合件的装配偏差计算与分析。鉴于此，首先利用 3DCS 软件进行中央翼盒装配偏差仿真，获得各装配特征的偏差数据。再基于装配特征的偏差数据，综合运用复杂网络理论和传递熵理论进行装配偏差传递计算与分析。最后将装配偏差传递计算分析结果和 3DCS 软件直接仿真结果进行比较，以验证提出的复杂薄壁结构装配偏差传递与关键偏差源诊断方法的正确性与可行性。中央翼盒的轮廓尺寸见表 4-1，各装配件的材料均为铝锂合金。如图 4-7 所示，依据该型号飞机中央翼盒的装配工艺，划分装配层级、明晰装配顺序。

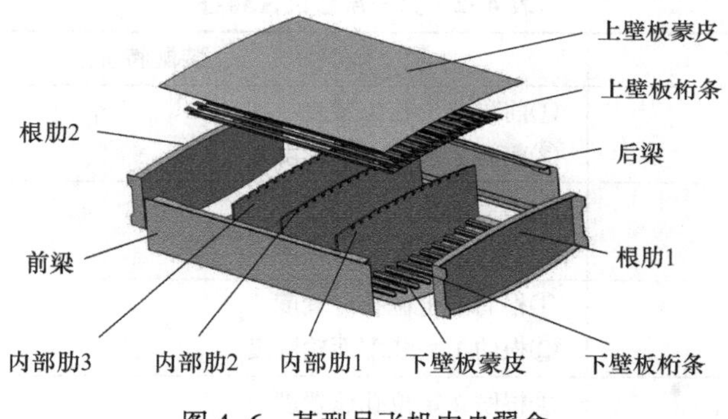

图 4-6　某型号飞机中央翼盒

表 4-1　装配单元轮廓尺寸

名　称	轮廓尺寸/(mm×mm×mm)
上、下壁板蒙皮	3000×2200×5
上、下壁板桁条	30×2800×44
前、后梁	3000×640×10
根肋	2200×680×200
内部肋	2200×680×10

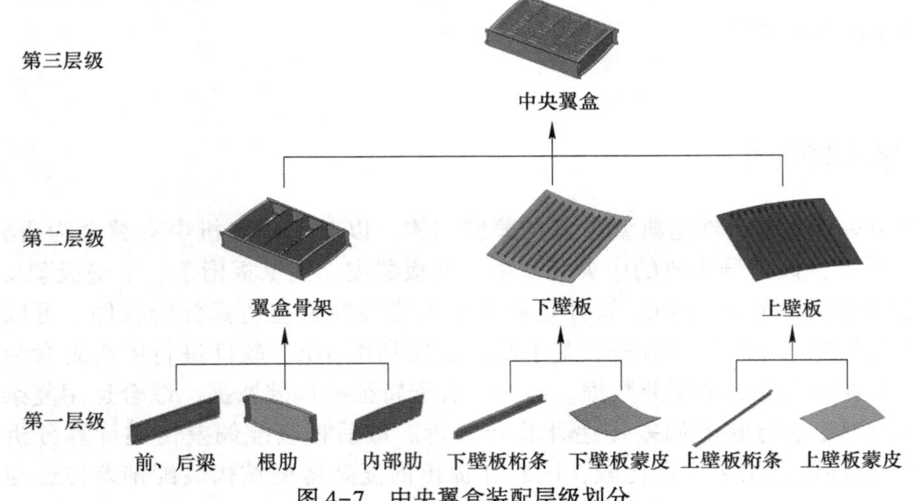

图 4-7 中央翼盒装配层级划分

(1) 装配特征定义

依据中央翼盒的装配工艺信息定义的装配特征见表 4-2~表 4-4。

表 4-2 第一层级装配特征

零件	装配特征
前梁	①前梁定位孔位置度 ②前梁上装配面轮廓度
后梁	①后梁定位孔位置度 ②后梁上装配面轮廓度
根肋 1	①根肋 1 定位孔位置度 ②根肋 1 上装配面轮廓度
根肋 2	①根肋 2 定位孔位置度 ②根肋 2 上装配面轮廓度
上壁板蒙皮	①上壁板蒙皮定位孔位置度 ②上壁板蒙皮内表面轮廓度

表 4-3 第二层级装配特征

名　称	装配特征
骨架特征 1	前梁上表面
骨架特征 2	后梁上表面
骨架特征 3	根肋 1 上表面
骨架特征 4	根肋 2 上表面
上壁板	上壁板蒙皮内表面

表 4-4　第三层级装配特征

名称	装配特征
中央翼盒	翼盒上表面

（2）装配偏差传递网络节点定义

依据图 4-7 所示的装配层级、装配顺序和表 4-2～表 4-4 所示的装配特征，定义中央翼盒装配偏差传递网络节点，见表 4-5。

表 4-5　中央翼盒装配偏差传递网络节点

装配特征	网络节点	装配特征	网络节点
前梁定位孔位置度	U_1^1	蒙皮定位孔位置度	U_1^9
前梁上表面轮廓度	U_1^2	蒙皮内表面轮廓度	U_1^{10}
后梁定位孔位置度	U_1^3	前梁上表面	U_2^1
后梁上表面轮廓度	U_1^4	后梁上表面	U_2^2
根肋 1 定位孔位置度	U_1^5	根肋 1 上表面	U_2^3
根肋 1 上表面轮廓度	U_1^6	根肋 2 上表面	U_2^4
根肋 2 定位孔位置度	U_1^7	上壁板蒙皮内表面	U_2^5
根肋 2 上表面轮廓度	U_1^8	中央翼盒上表面	U_3^1

利用 3DCS 软件进行 12 次仿真，得到的装配特征偏差数据见表 4-6～表 4-8。

表 4-6　第一层装配特征偏差　　mm

网络节点	仿真次序											
	1	2	3	4	5	6	7	8	9	10	11	12
U_1^1	±0. 25	±0. 25	±0. 25	±0. 4	±0. 4	±0. 4	±0. 5	±0. 5	±0. 5	±0. 3	±0. 3	±0. 3
U_1^2	±0. 25	±0. 4	±0. 5	±0. 25	±0. 4	±0. 5	±0. 25	±0. 4	±0. 5	±0. 25	±0. 4	±0. 5
U_1^3	±0. 25	±0. 25	±0. 25	±0. 4	±0. 4	±0. 4	±0. 5	±0. 5	±0. 5	±0. 3	±0. 3	±0. 3
U_1^4	±0. 25	±0. 4	±0. 5	±0. 25	±0. 4	±0. 5	±0. 25	±0. 4	±0. 5	±0. 25	±0. 4	±0. 5
U_1^5	±0. 25	±0. 25	±0. 25	±0. 4	±0. 4	±0. 4	±0. 5	±0. 5	±0. 5	±0. 3	±0. 3	±0. 3
U_1^6	±0. 25	±0. 4	±0. 5	±0. 25	±0. 4	±0. 5	±0. 25	±0. 4	±0. 5	±0. 25	±0. 4	±0. 5
U_1^7	±0. 25	±0. 25	±0. 25	±0. 4	±0. 4	±0. 4	±0. 5	±0. 5	±0. 5	±0. 3	±0. 3	±0. 3
U_1^8	±0. 25	±0. 4	±0. 5	±0. 25	±0. 4	±0. 5	±0. 25	±0. 4	±0. 5	±0. 25	±0. 4	±0. 5
U_1^9	±0. 25	±0. 25	±0. 25	±0. 4	±0. 4	±0. 4	±0. 5	±0. 5	±0. 5	±0. 3	±0. 3	±0. 3
U_1^{10}	±0. 25	±0. 4	±0. 5	±0. 25	±0. 4	±0. 5	±0. 25	±0. 4	±0. 5	±0. 25	±0. 4	±0. 5

表 4-7　第二层装配特征偏差　mm

网络节点	仿真次序											
	1	2	3	4	5	6	7	8	9	10	11	12
U_2^1	0.206	0.311	0.383	0.229	0.330	0.399	0.247	0.345	0.413	0.214	0.317	0.388
U_2^2	0.203	0.307	0.379	0.225	0.325	0.393	0.241	0.338	0.406	0.210	0.312	0.383
U_2^3	0.205	0.307	0.378	0.231	0.328	0.396	0.250	0.344	0.410	0.213	0.314	0.383
U_2^4	0.205	0.307	0.377	0.230	0.328	0.395	0.249	0.344	0.410	0.213	0.314	0.383
U_2^5	0.325	0.451	0.538	0.402	0.520	0.602	0.457	0.570	0.650	0.350	0.473	0.558

表 4-8　第三层装配特征偏差　mm

网络节点	仿真次序											
	1	2	3	4	5	6	7	8	9	10	11	12
U_3^1	0.323	0.323	0.324	0.400	0.400	0.400	0.454	0.454	0.454	0.348	0.348	0.348

4.5.1　装配偏差传递

（1）基于复杂网络和加权传递熵的装配偏差传递

基于表 4-6~表 4-8 中的装配特征偏差数据，利用式（4-1）~式（4-5），经计算得到各网络节点间的传递熵，见表 4-9。利用式（4-8）~式（4-15），经计算得到的节点重要度权重，见表 4-10。依据表 4-9 和表 4-10，利用式（4-16），经计算得的网络节点间偏差传递量化关系，见表 4-11。依据表 4-11，联立式（4-17）和式（4-18），经计算得的网络节点间偏差传递贡献度，见表 4-12。

表 4-9　网络节点间传递熵

网络节点	传递熵	网络节点	传递熵
$U_1^1 \to U_2^1$	0.41	$U_1^9 \to U_2^5$	0.95
$U_1^2 \to U_2^1$	0.49	$U_1^{10} \to U_2^5$	0.55
$U_1^3 \to U_2^2$	0.41	$U_2^1 \to U_3^1$	0.38
$U_1^4 \to U_2^2$	0.49	$U_2^2 \to U_3^1$	0.38
$U_1^5 \to U_2^3$	0.41	$U_2^3 \to U_3^1$	0.38
$U_1^6 \to U_2^3$	0.49	$U_2^4 \to U_3^1$	0.38
$U_1^7 \to U_2^4$	0.41	$U_2^5 \to U_3^1$	0.91
$U_1^8 \to U_2^4$	0.49		

表 4-10　节点重要度权重

网络节点	重要度权重 ρ	网络节点	重要度权重 ρ
U_1^1	0.086	U_1^9	0.086
U_1^2	0.087	U_1^{10}	0.087
U_1^3	0.086	U_2^1	0.025
U_1^4	0.087	U_2^2	0.025
U_1^5	0.086	U_2^3	0.026
U_1^6	0.087	U_2^4	0.026
U_1^7	0.086	U_2^5	0.027
U_1^8	0.087	U_3^1	0.009

表 4-11　网络节点间偏差传递关系

网络节点	偏差传递	网络节点	偏差传递
$U_1^1 \to U_2^1$	0.035	$U_1^9 \to U_2^5$	0.081
$U_1^2 \to U_2^1$	0.042	$U_1^{10} \to U_2^5$	0.048
$U_1^3 \to U_2^2$	0.035	$U_2^1 \to U_3^1$	0.009
$U_1^4 \to U_2^2$	0.042	$U_2^2 \to U_3^1$	0.010
$U_1^5 \to U_2^3$	0.035	$U_2^3 \to U_3^1$	0.010
$U_1^6 \to U_2^3$	0.042	$U_2^4 \to U_3^1$	0.010
$U_1^7 \to U_2^4$	0.035	$U_2^5 \to U_3^1$	0.025
$U_1^8 \to U_2^4$	0.042		

表 4-12　基于复杂网络和加权传递熵的网络节点间的偏差传递贡献度

网络节点	贡献度	网络节点	贡献度
$U_1^1 \to U_2^1$	45.3%	$U_1^9 \to U_2^5$	63.1%
$U_1^2 \to U_2^1$	54.7%	$U_1^{10} \to U_2^5$	36.9%
$U_1^3 \to U_2^2$	45.3%	$U_2^1 \to U_3^1$	14.9%
$U_1^4 \to U_2^2$	54.7%	$U_2^2 \to U_3^1$	15.1%
$U_1^5 \to U_2^3$	45.3%	$U_2^3 \to U_3^1$	15.5%
$U_1^6 \to U_2^3$	54.7%	$U_2^4 \to U_3^1$	15.5%
$U_1^7 \to U_2^4$	45.3%	$U_2^5 \to U_3^1$	39.1%
$U_1^8 \to U_2^4$	54.7%		

(2) 基于 3DCS 的装配偏差敏感度仿真

直接利用 3DCS 对装配偏差进行敏感度仿真分析，得到网络节点间偏差传递贡献度，见表 4-13。

表 4-13　基于 3DCS 的网络节点间偏差传递贡献度

网络节点	贡献度	网络节点	贡献度
$U_1^1 \to U_2^1$	43.4%	$U_1^9 \to U_2^5$	61.5%
$U_1^2 \to U_2^1$	56.6%	$U_1^{10} \to U_2^5$	38.5%
$U_1^3 \to U_2^2$	43.4%	$U_2^1 \to U_3^1$	14.4%
$U_1^4 \to U_2^2$	56.6%	$U_2^2 \to U_3^1$	16.0%
$U_1^5 \to U_2^3$	44.0%	$U_2^3 \to U_3^1$	16.4%
$U_1^6 \to U_2^3$	56.0%	$U_2^4 \to U_3^1$	16.7%
$U_1^7 \to U_2^4$	44.0%	$U_2^5 \to U_3^1$	36.5%
$U_1^8 \to U_2^4$	56.0%		

比较表 4-12 和表 4-13 可看出，两种方法计算获得的装配特征间偏差传递贡献度基本相同，贡献度偏差范围为 0.9%~2.6%，验证了本章提出的基于复杂网络与加权传递熵的偏差传递方法的正确性。两种方法的贡献度存在一定的偏差原因是，3DCS 仿真软件在分析偏差传递时将各网络节点的重要程度视为一致，而本章提出的偏差传递分析方法利用信息熵和肯德尔系数，客观量化偏差传递节点的重要度，并据此对偏差传递熵进行赋权。因此，本章提出的方法更能充分利用复杂薄壁结构装配的客观真实数据，更能客观地反映复杂薄壁结构装配偏差传递过程。

4.5.2　关键偏差源诊断

(1) 基于度中心性和全局传递熵的关键偏差源诊断

基于表 4-5，利用深度优先遍历算法的偏差传递路径搜索算法，以节点 U_1^1 为起始节点，完成中央翼盒装配偏差传递搜索，得到的偏差传递路径，见表 4-14。基于表 4-14，依据式 (4-19)，计算得到的网络节点度中心性，见表 4-15。依据表 4-14 和表 4-15，利用式 (4-20)，经计算得到的各偏差源对中央翼盒装配偏差的总贡献度，见表 4-16。

表 4-14　偏差传递路径

序号	偏差传递路径	序号	偏差传递路径
1	$U_1^1 \to U_2^1 \to U_3^1$	6	$U_1^6 \to U_2^3 \to U_3^1$
2	$U_1^2 \to U_2^1 \to U_3^1$	7	$U_1^7 \to U_2^4 \to U_3^1$
3	$U_1^3 \to U_2^2 \to U_3^1$	8	$U_1^8 \to U_2^4 \to U_3^1$
4	$U_1^4 \to U_2^2 \to U_3^1$	9	$U_1^9 \to U_2^5 \to U_3^1$
5	$U_1^5 \to U_2^3 \to U_3^1$	10	$U_1^{10} \to U_2^5 \to U_3^1$

表 4-15　网络节点度中心性

网络节点	度中心性 C_U	网络节点	度中心性 C_U
U_1^1	0.07	U_1^9	0.07
U_1^2	0.07	U_1^{10}	0.07
U_1^3	0.07	U_2^1	0.2
U_1^4	0.07	U_2^2	0.2
U_1^5	0.07	U_2^3	0.2
U_1^6	0.07	U_2^4	0.2
U_1^7	0.07	U_2^5	0.2
U_1^8	0.07		

表 4-16　偏差源对装配偏差总贡献度

偏差源	总贡献度 ψ	偏差源	总贡献度 ψ
U_1^1	6.7%	U_1^6	8.5%
U_1^2	8.1%	U_1^7	7.0%
U_1^3	6.8%	U_1^8	8.5%
U_1^4	8.2%	U_1^9	24.7%
U_1^5	7.0%	U_1^{10}	14.4%

（2）基于 3DCS 的关键偏差源诊断

直接利用 3DCS 进行偏差源的总贡献度仿真分析，得到装配偏差总贡献度，见表 4-17。

表 4-17　关键偏差源 3DCS 仿真

偏差源	总贡献度 ψ	偏差源	总贡献度 ψ
U_1^1	6.6%	U_1^6	8.8%
U_1^2	7.9%	U_1^7	7.1%
U_1^3	7.2%	U_1^8	9.1%
U_1^4	8.1%	U_1^9	25.2%
U_1^5	6.9%	U_1^{10}	13.1%

比较表 4-16 和表 4-17 可看出：①两种方法均能得到各偏差源对产品装配偏差的贡献度大小，且贡献度大小差值在 3%以内；②两种方法均能诊断出影响装配质量的关键偏差源，关键偏差源为上壁板蒙皮定位孔位置度偏差；③两种方法对贡献度排序存在一定的差异，如偏差源 U_1^3 与 U_1^5。其主要原因是 3DCS 仿真软件分析偏差传递时采用均等权重法，而本章提出的诊断方法在利用度中心性算法与全局传递熵获取各网络节点重要程度的基础

上，对偏差传递贡献度赋予权重，使诊断结果更贴近实际工作情况。因此，本章提出的诊断方法更能客观地实现关键偏差源的诊断。

4.6 本章小结

（1）针对飞机等复杂薄壁结构装配，偏差源与装配件偏差之间呈现出数据样本小、非线性、强耦合的传递特征，本章提出了基于复杂网络和加权传递熵的复杂薄壁结构装配关键偏差源诊断方法。该方法从网络拓扑结构与偏差信息传递两个视角进行分析，量化描述装配特征偏差之间的传递关系，从而能准确诊断出影响装配质量的关键偏差源。

（2）应用案例结果表明：3DCS 软件仿真与本章提出的关键偏差源诊断方法均能诊断出关键偏差源，且各偏差源总贡献度差值在 3%以内，验证了该方法的正确性。在贡献度排序上，两种方法存在一定的差异，原因是仿真软件未能考虑到各节点的重要度差异，而本章提出的诊断方法依据度中心性算法对重要度赋予权重，使诊断结果更加准确可靠。

第 5 章　装配偏差协同预测

由于飞机生产批量小，因此飞机结构件装配偏差预测存在数据样本小的特征，此外，装配偏差不同链路数据含有的信息量及其信息重要程度也存在差异，装配偏差难以准确预测。因此，本章以装配单元层偏差检测数据与产品层偏差检测数据为基础，引入灰色系统理论，结合自适应最优加权技术，提出小样本检测数据驱动的飞机结构件装配偏差波动区间协同预测方法。首先依据装配单元层偏差检测数据，构建面向多层级装配偏差累积预测模型。其次依据产品层偏差检测数据，构建产品层装配偏差单序列预测模型。最后利用自适应最优加权融合方法，融合装配单元层与产品层预测信息，实现飞机结构件装配偏差波动区间协同预测。

图 5-1 所示为飞机结构件装配偏差波动区间协同预测流程。首先基于装配单元层检测数据，融合灰色系统理论，构建面向多层级装配偏差累积预测模型。然后基于产品层装配偏差检测数据，建立产品层装配偏差单序列预测模型。最后利用自适应最优加权法，融合不同链路预测模型，开拓装配偏差协同预测新机制，实现小样本检测数据驱动的飞机结构件装配偏差波动区间协同预测。

（1）基于装配单元层检测数据的装配偏差波动预测

首先针对装配偏差样本小、数据不完备等特点，引入灰色系统理论，构建面向多偏差分量、离散检测数据的装配单元层装配偏差波动区间灰色预测模型 GM(1，h)。然后针对装配偏差多阶段、多层级传递的特点，利用 GM(1，h)，建立多层级装配偏差累积预测模型。最后基于装配偏差累积预测模型获得单元层装配偏差预测数据。

（2）基于产品层检测数据的装配偏差波动预测

首先基于产品层装配偏差的检测数据，构建产品层检测数据序列。然后依据产品层检测数据序列，建立基于灰色系统理论的产品层装配偏差单序列预测模型。最后基于单序列预测模型，获得产品层装配偏差预测数据。

（3）飞机结构件装配偏差波动区间协同预测

利用自适应最优加权方法，融合不同数据链路获得的预测数据，进一步共享装配单元层和产品层双方的预测信息，从而形成装配偏差协同融合预测机制。这样可以实现小样本偏差检测数据信息的高效挖掘，减少依靠单一检测数据进行偏差波动预测导致的不确定性，提高装配偏差波动预测的准确度。

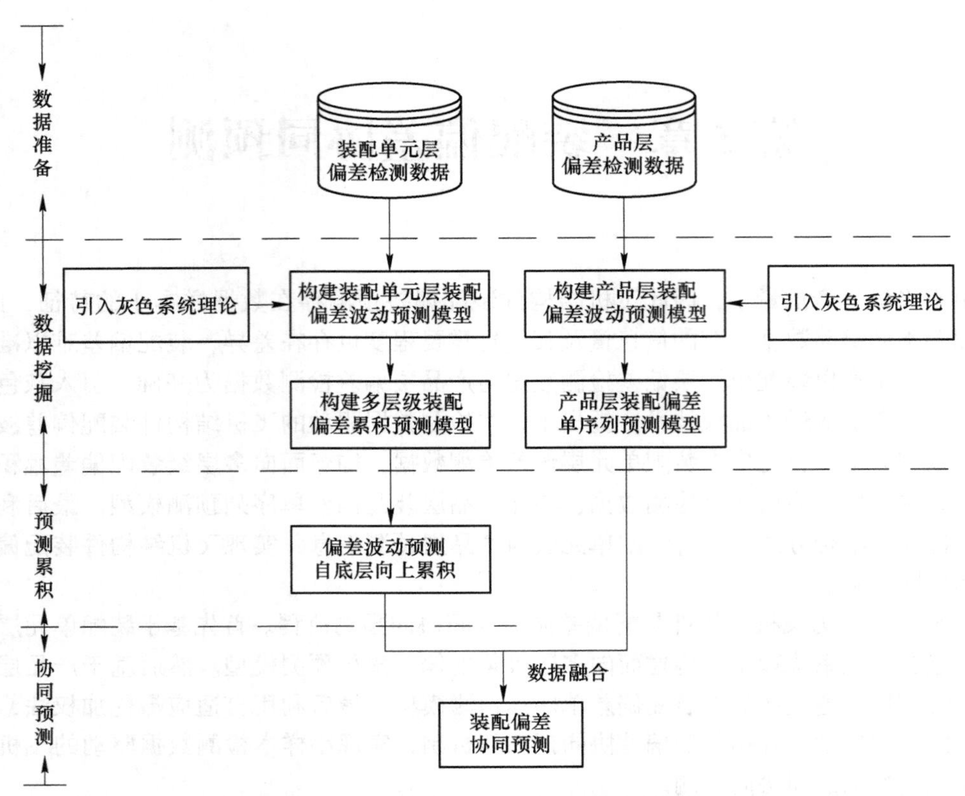

图 5-1　飞机结构件装配偏差波动区间协同预测流程

5.1　装配偏差波动区间预测

5.1.1　装配偏差波动区间预测

假设某个型号飞机结构件装配含有 l 个装配层级，其中第 i 层级各装配单元偏差检测数据序列记为

$$X_i^0 = \{X_i^0(1),\ X_i^0(2),\ \cdots,\ X_i^0(k),\ \cdots,\ X_i^0(r)\} \tag{5-1}$$

式中，r 为装配单元个数；$X_i^0(k)$ 为第 i 层级第 k 个装配单元的偏差检测数据，是区间数，记为 $X_i^0(k)=(X_i^0(k)_{\min},\ X_i^0(k)_{\max})$，$X_i^0(k)_{\min}$、$X_i^0(k)_{\max}$ 分别为该偏差检测数据区间的最小值、最大值。

为了弱化各装配单元偏差数据序列的随机性，在建立灰色预测模型 GM(1, h) 之前，通过叠加原理，将偏差数据序列不明显的变化趋势通过变换呈现明显的增长趋势，得到装配单元累加偏差数据，生成一次累加偏差数据 $X_i^1(k)$。计算式如下

$$X_i^1(k) = \sum_{j=1}^{k} X_i^0(j) \tag{5-2}$$

构建一次累加偏差数据序列 X_i^1，为建立灰色微分方程构建基础

$$X_i^1 = \{X_i^1(1), X_i^1(2), \cdots, X_i^1(k), \cdots, X_i^1(r)\} \tag{5-3}$$

为进一步建立灰色微分方程，生成装配单元偏差紧邻数据

$$Z_i^1 = \{-, Z_i^1(2), Z_i^1(3), \cdots, Z_i^1(k), \cdots, Z_i^1(r)\} \tag{5-4}$$

$$Z_i^1(k) = \lambda X_i^1(k) + (1 - \lambda) X_i^1(k - 1)$$

式中，λ 为装配单元偏差紧邻数据序列生成系数。

为了简明、直观地反映累加装配单元偏差数据的集中趋势，通常情况下，生成系数 λ 的值为 0.5，则装配单元偏差紧邻数据 $Z_i^1(k)$ 转换为装配单元偏差紧邻均值等权数据

$$Z_i^1(k) = \frac{1}{2}X_i^1(k) + \frac{1}{2}X_i^1(k - 1) \tag{5-5}$$

构建装配单元偏差紧邻均值等权序列

$$Z_i^1 = \{-, Z_i^1(2), Z_i^1(3), \cdots, Z_i^1(k), \cdots, Z_i^1(r)\} \tag{5-6}$$

利用式（5-1）、式（5-3）、式（5-6），建立装配单元层偏差灰色系统模型，即构建关于装配单元层特征检测数据和影响装配单元偏差检测数据因素的方程

$$X_i^0(k) + aZ_i^1(k) = b \tag{5-7}$$

式（5-7）中，a 为装配单元层检测数据发展系数，b 为灰色系统预测模型 GM(1，h）的灰色作用量。

定义 $\hat{a} = [a, b]^{\mathrm{T}}$ 为灰色系统预测模型 GM(1，h）的参数待估计序列，依据最小二乘法求解该参数序列，构建装配单元层偏差检测数据参数列 $\boldsymbol{Y}$ 与紧邻值参数列 $\boldsymbol{E}$，如下

$$\begin{cases} \boldsymbol{Y} = \begin{bmatrix} X_i^0(2) \\ X_i^0(3) \\ \vdots \\ X_i^0(r) \end{bmatrix} \\ \boldsymbol{E} = \begin{bmatrix} -Z_i^1(2) & 1 \\ -Z_i^1(3) & 1 \\ \vdots & \vdots \\ -Z_i^1(r) & 1 \end{bmatrix} \end{cases} \tag{5-8}$$

则灰色系统预测模型 GM(1，h）的最小二乘法对应的参数方程为

$$\hat{a} = (\boldsymbol{E}^{\mathrm{T}}\boldsymbol{E})^{-1}\boldsymbol{E}^{\mathrm{T}}\boldsymbol{Y} \tag{5-9}$$

构建基于灰色系统预测模型 GM(1，h）的飞机结构件装配偏差的预测累积模型

$$\frac{\mathrm{d}X_i^1}{\mathrm{d}t} + aX_i^1 = b \tag{5-10}$$

将式（5-9）中求得的参数值代入式（5-10），计算得到装配单元偏差预测累积值

$$\hat{X}_i^1(k + 1) = \left(X_i^0(1) - \frac{b}{a}\right)\mathrm{e}^{-ak} + \frac{b}{a} \tag{5-11}$$

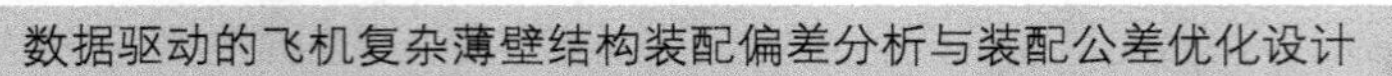

依据式（5-11）中得出的预测数据累积值，通过叠减原理将累积信息还原成增量信息，以获得各装配单元偏差检测数据在灰色系统预测模型 GM(1, h) 中的预测值

$$\hat{X}_i^0(r+1)=\hat{X}_i^1(r+1)-\hat{X}_i^1(r) \tag{5-12}$$

利用式（5-12），分别计算装配单元偏差检测数据最小预测值 $\hat{X}_i^0(r+1)_{\min}$ 和最大预测值 $\hat{X}_i^0(r+1)_{\max}$

$$\begin{cases}\hat{X}_i^0(r+1)_{\min}=\hat{X}_i^1(r+1)_{\min}-\hat{X}_i^1(r)_{\min}\\ \hat{X}_i^0(r+1)_{\max}=\hat{X}_i^1(r+1)_{\max}-\hat{X}_i^1(r)_{\max}\end{cases} \tag{5-13}$$

利用式（5-13），构建第 i 层级装配单元偏差检测数据的预测区间 $X_i^0(r+1)'$

$$X_i^0(r+1)'=(\hat{X}_i^0(r+1)_{\min},\ \hat{X}_i^0(r+1)_{\max}) \tag{5-14}$$

将式（5-14）中获得的第 i 层级装配偏差预测数据融入第 $i+1$ 层级，构建第 $i+1$ 层级装配单元主影响因素偏差检测数据序列

$$X_{i+1}^0=\{X_i^0(r+1)',\ X_{i+1}^0(2),\ \cdots,\ X_{i+1}^0(r)\} \tag{5-15}$$

依据式（5-2）~式（5-14），计算得到第 $i+1$ 层级装配偏差预测区间

$$X_{i+1}^0(r+1)'=(\hat{X}_{i+1}^0(r+1)_{\min},\ \hat{X}_{i+1}^0(r+1)_{\max}) \tag{5-16}$$

依据装配层级信息，将预测信息向上融合，构建第 l 层级装配偏差预测区间

$$X_l^0(r+1)'=(\hat{X}_l^0(r+1)_{\min},\ \hat{X}_l^0(r+1)_{\max}) \tag{5-17}$$

5.1.2 装配偏差波动预测

假设某个型号飞机结构件装配偏差 C_{P} 有 w 个不同的偏差指标，记为 $C_{\mathrm{P}}=(C_{\mathrm{p}}^1,\ C_{\mathrm{p}}^2,\ \cdots,\ C_{\mathrm{p}}^s,\ \cdots,\ C_{\mathrm{p}}^w)$，其中 $C_{\mathrm{p}}^s=[C_{\mathrm{p}_{\min}}^s,\ C_{\mathrm{p}_{\max}}^s]$，$C_{\mathrm{p}_{\min}}^s$、$C_{\mathrm{p}_{\max}}^s$ 分别为飞机结构件装配偏差 C_{p} 第 s 个偏差指标区间的最小值、最大值。

分别构建装配偏差指标区间最小值序列 $C_{\mathrm{P}_{\min}}=\{C_{\mathrm{p}_{\min}}^1,\ C_{\mathrm{p}_{\min}}^2,\ \cdots,\ C_{\mathrm{p}_{\min}}^s,\ \cdots,\ C_{\mathrm{p}_{\min}}^w\}$，装配偏差指标区间最大值序列 $C_{\mathrm{p}_{\max}}=\{C_{\mathrm{p}_{\max}}^1,\ C_{\mathrm{p}_{\max}}^2,\ \cdots,\ C_{\mathrm{p}_{\max}}^s,\ \cdots,\ C_{\mathrm{p}_{\max}}^w\}$。

通过叠加原理，构建一次累加飞机结构件装配偏差检测数据

$$(C_{\mathrm{p}}^s)^1=\sum_{s=1}^{s}C_{\mathrm{p}}^s \tag{5-18}$$

利用式（5-2）~式（5-12），获得飞机结构件装配偏差检测数据在灰色系统预测模型 GM(1, h) 下的预测值

$$(\hat{C_{\mathrm{p}}^{s+1}})^0=(\hat{C_{\mathrm{p}}^{s+1}})^1-(\hat{C_{\mathrm{p}}^{s}})^1 \tag{5-19}$$

利用式（5-19），分别计算飞机结构件装配偏差检测数据最小预测值 $(\hat{C_{\mathrm{p}}^{s+1}})_{\min}^0$ 和最大预测值 $(\hat{C_{\mathrm{p}}^{s+1}})_{\max}^0$

$$\begin{cases}(\hat{C_{\mathrm{p}}^{s+1}})_{\min}^0=(\hat{C_{\mathrm{p}}^{s+1}})_{\min}^1-(\hat{C_{\mathrm{p}}^{s}})_{\min}^1\\ (\hat{C_{\mathrm{p}}^{s+1}})_{\max}^0=(\hat{C_{\mathrm{p}}^{s+1}})_{\max}^1-(\hat{C_{\mathrm{p}}^{s}})_{\max}^1\end{cases} \tag{5-20}$$

利用式（5-20），构建飞机结构件装配偏差 C_{p} 第 s 个偏差指标预测区间

$$(C_{\mathrm{p}}^s)'=\{(\hat{C_{\mathrm{p}}^{s}})_{\min}^0,\ (\hat{C_{\mathrm{p}}^{s}})_{\max}^0\} \tag{5-21}$$

利用式（5-21），构建飞机结构件装配偏差检测数据的预测区间

$$(C_{\mathrm{p}})'=[(C_{\mathrm{p}}^{1})',\ (C_{\mathrm{p}}^{2})',\ \cdots,\ (C_{\mathrm{p}}^{s})',\ \cdots,\ (C_{\mathrm{p}}^{w})'] \tag{5-22}$$

5.1.3　装配偏差波动区间协同预测

依据装配单元层与产品层偏差检测数据，经过一系列计算操作后，得到单个链路的最优装配偏差预测数据。由于不同链路偏差检测数据对飞机结构件装配偏差的作用不同，所占权重同样不同，因此，依据自适应最优加权融合分配原则，对不同链路偏差检测数据进行自适应加权数据融合，将装配偏差波动区间的最小融合值、最大融合值分别记为 $H_{\min}$ 和 $H_{\max}$。根据最优权值分配原则分别计算装配偏差波动区间上、下临界值的最优权重因子 ϖ_i，然后分别对上、下临界值进行自适应加权数据融合处理，最终获得装配偏差波动区间协同预测值。

自适应加权偏差数据融合原理如图 5-2 所示。

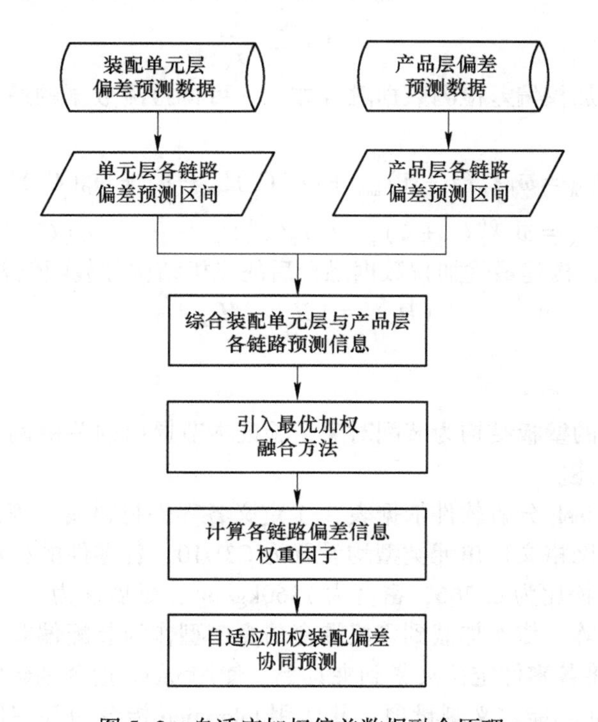

图 5-2　自适应加权偏差数据融合原理

依据装配单元层偏差检测数据预测区间 $X_l^0(r+1)'=[\hat{X}_l^0(r+1)_{\min},\ \hat{X}_l^0(r+1)_{\max}]$ 与产品层偏差检测数据预测区间序列 $(C_{\mathrm{p}})'=[(C_{\mathrm{p}}^{1})',\ (C_{\mathrm{p}}^{2})',\ \cdots,\ (C_{\mathrm{p}}^{s})',\ \cdots,\ (C_{\mathrm{p}}^{w})']$，共同构建飞机结构件偏差检测数据预测区间

$$D_{\mathrm{p}}=\{X_l^0(r+1)',\ C_{\mathrm{p}}^0(w+1)'\} \tag{5-23}$$

规定不同链路偏差检测数据融合的权重因子为 $\omega_i(1\leqslant i\leqslant O)$，它应满足以下要求

$$\sum_{i=1}^{O}\omega_i=1 \tag{5-24}$$

式（5-24）中，O 代表飞机结构件偏差检测数据预测区间的个数，满足 $O=w+1$ 的要求。ω_i 越大，代表该链路偏差检测数据对装配偏差的影响越大。

装配偏差总均方误差为

$$\sigma^2 = \sum_{i=1}^{O} \omega_i^2 \sigma_i^2 \tag{5-25}$$

由式（5-25）可知，σ^2 值越小，表明数据融合后该链路检测数据精度越高。根据多元函数求极值理论，得最小均方误差

$$\sigma_{\min}^2 = \left| \sum_{i=1}^{O} \frac{1}{\sigma_i^2} \right|^{-1} \tag{5-26}$$

式（5-26）中，$\sigma_{\min}^2$ 越小，此最优加权融合方式相比其他单一模型预测效果就越准确。

由式（5-26）可得不同链路偏差检测数据融合的最优权重因子为

$$\overline{\omega}_i = \frac{1}{\sigma_i^2 \sum_{i=1}^{o} \frac{1}{\sigma_i^2}} \tag{5-27}$$

依据自适应最优加权偏差检测数据融合方法，可得检测数据的最小融合值 $H_{\min}$、最大融合值 $H_{\max}$

$$\begin{cases} H_{\min} = \overline{\omega}_1 \hat{X}_{l1}^0 (r+1)_{\min} + \overline{\omega}_2 (C_p^1)'_{\min} + \cdots + \overline{\omega}_O (C_p^w)'_{\min} \\ H_{\max} = \overline{\omega}_1 \hat{X}_{l1}^0 (r+1)_{\max} + \overline{\omega}_2 (C_p^1)'_{\max} + \cdots + \overline{\omega}_O (C_p^w)'_{\max} \end{cases} \tag{5-28}$$

依据式（5-28），构建最优加权数据融合后的飞机结构件装配偏差预测波动区间

$$(D_p)' = [H_{\min},\ H_{\max}] \tag{5-29}$$

5.1.4 案例分析

以 2.3 节所构建的壁板结构为装配对象，验证本节提出的关键偏差源检测方法，模型构建数据此处不再赘述。

首先利用 HyperMesh 分析软件依据表 2-1 定义各零件材料属性等信息，进行结构件几何处理与网格划分。网格文件单元类型均设置为 C3D10，各零件的材料属性均相同，弹性模量为 2×10^{11}Pa，泊松比为 0.266，密度为 7860kg/m^3，延展性为 1.17×10^{-5}。提取各零件的网络文件和刚度矩阵，依次加载到飞机翼盒仿真模型作为装配偏差变形回弹的依据。然后使用 position 命令将各零件定位夹紧到夹具上，使用 move 指令创建中央翼盒模型约束关系，基于 measurement 功能定义测量项，并使用 tolerance 指令为各零件添加公差。最后松开各个零件的夹持和定位，此时翼盒装配件将会发生弹性回弹，对翼盒模型进行蒙特卡罗仿真，分析仿真结果。

5.1.4.1 参数设置

（1）关键控制点的创建与测量

根据飞机壁板装配性能与质量要求，在中央翼盒上壁板蒙皮上创建关键控制点，通过该控制点的偏差表征中央翼盒的装配质量。对中央翼盒上壁板关键控制点布设做如下安排：均匀地、等距地布设在上壁板蒙皮中线及两外侧边缘。图 5-3 所示为飞机中央翼盒关键控制点分布，利用关键控制点 $KP_1 \sim KP_9$ 有效地描述飞机翼盒的装配质量。为验证本章

提出的小样本检测数据驱动的飞机结构件装配偏差波动区间协同预测方法的有效性与准确率，选取中央翼盒上壁板蒙皮各关键控制点作为装配质量仿真测量点。

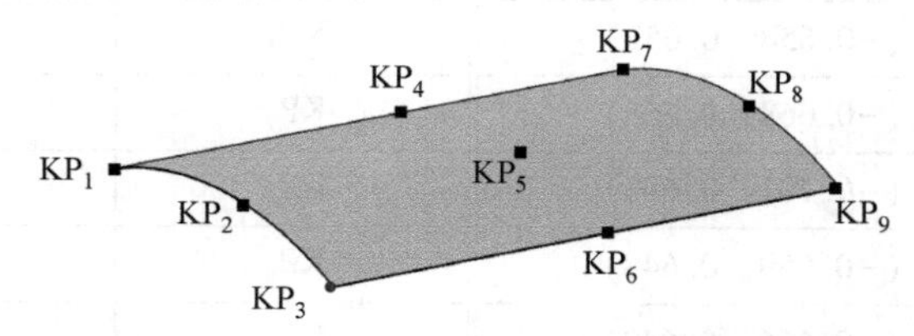

图 5-3 某型号飞机中央翼盒关键控制点分布

（2）装配公差设定

依据《航空制造工程手册：飞机装配》与实际设计过程公差规则，设定飞机中央翼盒组成零件的公差信息见表 5-1。

表 5-1 零件公差信息 mm

名 称	公差设定值
上、下壁板蒙皮位置度	±0. 5
上、下壁板桁条位置度	±0. 3
前、后梁位置度	±0. 1
根肋位置度	±0. 2
内部肋位置度	±0. 25

（3）蒙特卡罗装配偏差仿真

利用 3DCS 软件对飞机中央翼盒上壁板蒙皮关键控制点进行 2000 次柔性装配仿真，关键控制点 KP_5 装配偏差仿真结果如图 5-4 所示。依据 3DCS 公差分析软件的 Est. Low 和 Est. High 指标，确定飞机中央翼盒装配偏差波动区间为［-0. 656，0. 649］，且装配偏差分布为正态分布。

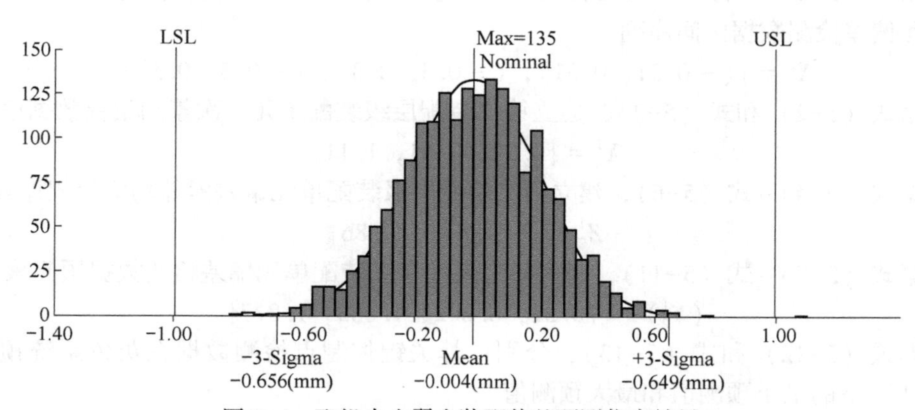

图 5-4 飞机中央翼盒装配偏差预测仿真结果

仿真得到关键控制点 $KP_1 \sim KP_9$ 装配偏差波动区间数据见表 5-2。

表 5-2 关键控制点装配偏差波动区间仿真值 mm

关键控制点	装配偏差	关键控制点	装配偏差
KP_1	(−0.658，0.652)	KP_6	(−0.675，0.672)
KP_2	(−0.668，0.665)	KP_7	(−0.746，0.729)
KP_3	(−0.701，0.698)	KP_8	(−0.700，0.690)
KP_4	(−0.659，0.648)	KP_9	(−0.733，0.729)
KP_5	(−0.656，0.649)		

5.1.4.2 装配偏差波动区间协同预测

(1) 基于装配单元层检测数据的偏差波动区间预测

依据表 5-1 零件公差信息设定公差，构建第一装配层级各装配单元层偏差检测数据区间序列

$$X_1^0 = \{(-0.1,\ 0.1),\ (-0.2,\ 0.2),\ (-0.25,\ 0.25)\}$$

根据式（5-2）和式（5-3），建立第一装配层级装配单元一次累加偏差数据序列

$$X_1^1 = \{0.1,\ 0.3,\ 0.55\}$$

根据式（5-4）~式（5-6），建立第一装配层级装配单元偏差紧邻均值等权序列

$$Z_1^1 = \{-,\ 0.2,\ 0.425\}$$

依据式（5-7）~式（5-11），建立第一装配层级装配单元层偏差检测数据预测累积序列

$$(X_1^1)' = \{0.1,\ 0.299,\ 0.548,\ 0.858\}$$

根据式（5-12）和式（5-13），分别计算蒙皮、桁条、钣金隔框关键控制点检测数据在灰色预测模型下的最小预测值和最大预测值

$$\begin{cases} \hat{X}_1^0(r+1)'_{\min} = -0.31 \\ \hat{X}_1^0(r+1)'_{\max} = 0.31 \end{cases}$$

根据式（5-15），将第一装配层级预测信息融入第二装配层级，构建第二装配层级各装配单元偏差检测数据区间序列

$$X_2^0 = \{(-0.31,\ 0.31),\ (-0.3,\ 0.3),\ (-0.5,\ 0.5)\}$$

根据式（5-2）和式（5-3），建立第二装配层级装配单元一次累加偏差数据序列

$$X_2^1 = \{0.31,\ 0.61,\ 1.11\}$$

根据式（5-4）~式（5-6），建立第二装配层级装配单元偏差紧邻均值等权序列

$$Z_2^1 = \{-,\ 0.46,\ 0.86\}$$

依据式（5-7）~式（5-11），建立第二装配层级装配单元偏差检测数据预测累积序列

$$(X_2^1)' = \{0.31,\ 0.602,\ 1.083,\ 1.877\}$$

根据式（5-12）和式（5-13），分别计算关键控制点检测数据在灰色系统预测模型 GM(1, h) 下的最小预测值和最大预测值

$$\begin{cases} \hat{X}_3^0(r+1)'_{\min} = -0.794 \\ \hat{X}_3^0(r+1)'_{\max} = 0.794 \end{cases}$$

根据式（5-14）~式（5-17），构建装配单元层装配偏差预测值区间

$$X_3^0(r+1)' = (-0.794,\ 0.794)$$

（2）基于产品层检测数据的装配偏差波动区间预测

依据飞机壁板实际装配容差控制要求，规定将装配完成后的蒙皮外形轮廓度、表面平滑度、波纹度作为装配质量指标，其偏差范围分别为±0.5mm、±1.0mm、±0.8mm。构建飞机结构件装配偏差检测数据序列

$$C_{\mathrm{p}} = [(-0.5,\ 0.5),\ (-1,\ 1),\ (-0.8,\ 0.8)]$$

根据式（5-18），构建一次叠加飞机结构件装配偏差检测数据

$$(C_{\mathrm{p}}^s)^1 = [0.5,\ 1.5,\ 1.9]$$

根据式（5-19）和式（5-20）计算飞机翼盒装配偏差检测数据预测值序列

$$(\hat{C}_{\mathrm{p}})^0 = [0.5,\ 0.996,\ 0.798]$$

最后依据式（5-21）和式（5-22），构建产品层检测数据装配偏差预测区间

$$(\hat{C}_{\mathrm{p}})' = [(-0.5,\ 0.5),\ (-0.996,\ 0.996),\ (-0.798,\ 0.798)]$$

（3）基于自适应加权的装配偏差波动区间协同预测

根据式（5-23），构建飞机翼盒偏差检测数据预测区间

$$D_{\mathrm{p}} = [(-0.794,\ 0.794),\ (-0.5,\ 0.5),\ (-0.996,\ 0.996),\ (-0.798,\ 0.798)]$$

根据式（5-24）~式（5-27），计算装配单元层和产品层两链路偏差融合的最优权重因子，计算结果见表 5-3。

表 5-3　最优权重因子

名称	装配单元层权重因子	产品层权重因子		
		外形轮廓度	表面平滑度	波纹度
大小	0.194	0.49	0.124	0.192

依据自适应最优加权偏差检测数据融合方法及式（5-27），可得检测数据的最小融合值和最大融合值

$$\begin{cases} H_{\min} = -0.676 \\ H_{\max} = 0.676 \end{cases}$$

根据式（5-28），构建最优加权数据融合的飞机翼盒装配偏差预测波动区间

$$(D_{\mathrm{p}})' = [-0.676,\ 0.676]$$

5.1.4.3　预测结果分析

为了验证协同预测方法的准确性，选择传统的灰色系统预测方法进行比较。传统的灰色系统预测模型仅依赖于装配单元层偏差检测数据，其计算方法如 5.1.1 节所示，不再赘述。因此，根据传统的灰色系统预测方法，装配偏差的预测结果为（-0.794，0.794）。

考虑到区间关联度理论可以获得区间之间的接近程度，据此分别计算预测数据与仿真数据之间的接近程度。区间关联度的计算方法如下

$$\xi_{\mathrm{e}}(f) = \frac{\min_{\mathrm{e}}\min_{f}\{L_{\mathrm{e}}(f)\} + \rho\max_{\mathrm{e}}\max_{f}\{L_{\mathrm{e}}(f)\}}{L_{\mathrm{e}}(f) + \rho\max_{\mathrm{e}}\max_{f}\{L_{\mathrm{e}}(f)\}} \tag{5-30}$$

式（5-30）中，$L_e(f)$ 表示比较区间的距离，ρ 表示确定系数，设置为 0.5。

基于式（5-30）计算协同预测结果与模拟之间的区间关联度，再计算传统灰色系统预测结果与仿真之间的区间关联度。计算结果见表 5-4。

表 5-4　区间关联度计算值

关键控制点	区间关联度	
	协同预测	传统灰色预测
KP_1	96.5%	83.6%
KP_2	98.4%	85.0%
KP_3	96.9%	88.6%
KP_4	96.0%	83.3%
KP_5	96.1%	83.3%
KP_6	99.4%	85.8%
KP_7	93.1%	92.2%
KP_8	98.0%	87.8%
KP_9	93.0%	92.2%

仿真结果表明，协同预测结果与仿真结果之间的区间关联度最大值为 99.4%，最小值为 93.0%。结合关键控制点 $KP_1 \sim KP_9$ 的预测信息，区间关联度的平均值为 96.4%。因此，协同预测方法的准确率为 96.4%，与传统灰色系统预测方法的准确率 86.9% 相比，提高了 9.5%。

5.2　基于传递、预测模型的装配偏差控制

目前，飞机结构件装配偏差控制的方法包含工装夹具优化设计、工艺补偿、基于有限元仿真优化铆接点的位置等。以上方法大多利用有限元分析，获取超元刚度矩阵或敏感度矩阵，计算周期长，成本高。为此，本节在装配偏差传递、预测模型的基础上，利用传递熵网络图构建有向装配关联图、规划装配顺序，利用预测函数对飞机结构件进行超差识别，结合相对装配成本优化飞机结构件装配顺序、实现装配偏差控制。还可以利用飞机结构件装配信息分析不同装配顺序对装配偏差的影响，结合装配工艺性、装配准确度、装配稳定性三个指标，在装配偏差的约束条件下获取相对装配成本最小的最优装配顺序，从而实现飞机结构件装配偏差控制，提高其装配质量及装配效率。

飞机结构件装配的本质是将待装配的子装配体或零件安装在尚未完成配合的装配体上。在整个飞机结构件装配未完成之前，至少存在一处尚未完成的配合关系，不同的配合关系对应不同的待装配元件。当存在多种配合关系时，会有不同的装配顺序，它们对装配

偏差的影响程度也有差别。

飞机结构件可以有多种装配顺序，装配顺序不同导致偏差传递、累积方式不同，下面以飞机蒙皮与骨架的装配案例进行阐述。

（1）以蒙皮为基准的装配方案

主要装配过程：先将蒙皮夹紧固定在型架上，再将已完成装配的骨架安装在蒙皮上。通过该方式形成装配偏差的主要原因如下。

①图 5-5(a) 所示为蒙皮的制造偏差 $\Delta_{蒙皮}$、夹具的制造偏差 $\Delta_{夹具}$。

②如图 5-5(b) 所示，蒙皮和型架内型卡板的基准表面难以精确贴合，施加装配力 Q，产生弹性变形 $\Delta_{变形}$。

③如图 5-5(c) 所示，骨架和蒙皮存在间隙偏差 $\Delta_{间隙1}$。

④如图 5-5(c) 所示，骨架存在制造偏差 $\Delta_{骨架}$。

如图 5-5(d) 所示，以蒙皮为基准进行装配，装配偏差尺寸链方程如下

$$\Delta = \Delta_{骨架} + \Delta_{夹具} + \Delta_{蒙皮} + \Delta_{变形} + \Delta_{间隙1} \tag{5-31}$$

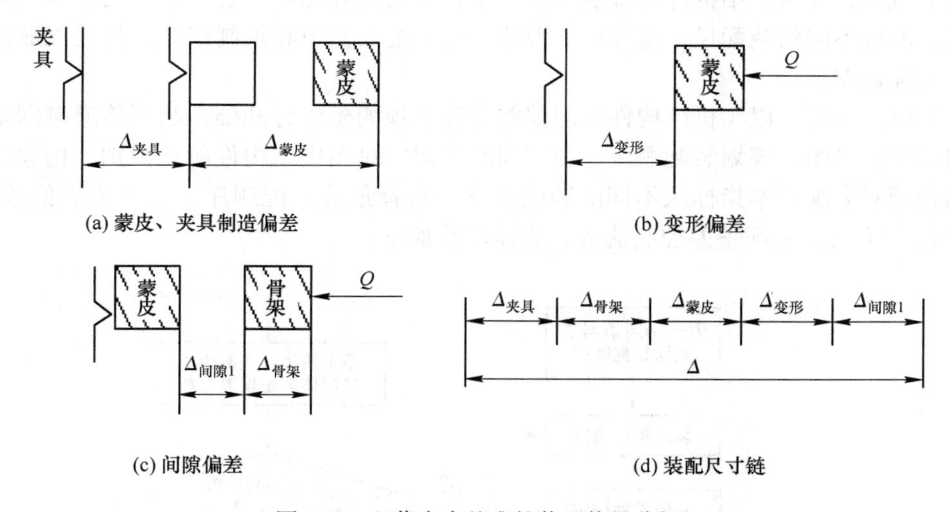

(a) 蒙皮、夹具制造偏差　(b) 变形偏差

(c) 间隙偏差　(d) 装配尺寸链

图 5-5　以蒙皮为基准的装配偏差分析

（2）以骨架为基准的装配方案

主要装配过程：先定位骨架，然后将蒙皮放置于骨架上，用卡板压紧，通过铆接方式连接骨架与蒙皮。通过该方式形成装配偏差的主要原因有以下几方面。

①如图 5-6(a) 所示，骨架和装配夹具均存在制造偏差 $\Delta_{骨架}$、$\Delta_{夹具}$。

②如图 5-6(b) 所示，以装配夹具表面为基准面进行装配时，施加装配力 Q 迫使骨架贴合装配夹具基准面，存在间隙偏差 $\Delta_{间隙2}$。

③如图 5-6(c) 所示，蒙皮和骨架表面会出现贴合不严密的现象，存在间隙偏差 $\Delta_{间隙3}$ 和蒙皮的制造偏差 $\Delta_{蒙皮}$。

④如图 5-6(d) 所示，依据上述偏差分析，装配偏差尺寸链方程如下

$$\Delta = \Delta_{骨架} + \Delta_{夹具} + \Delta_{蒙皮} + \Delta_{间隙2} + \Delta_{间隙3} \tag{5-32}$$

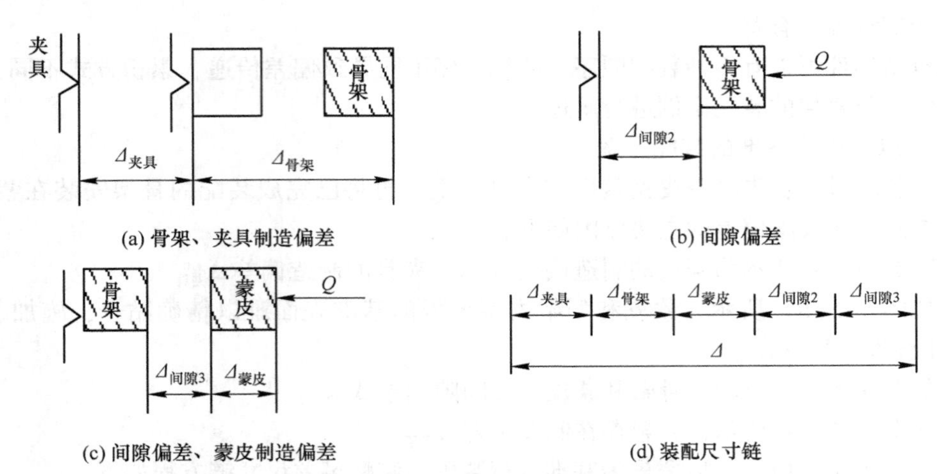

图 5-6　以骨架为基准的装配偏差分析

综上所述，在飞机结构件同等装配要求下，不同的装配顺序会导致不同的装配偏差累积过程，形成不同的装配尺寸链方程。因此，在装配工艺中必须制定合适的装配顺序，有效控制装配偏差。

基于以上分析，以飞机结构件装配偏差传递、预测模型为基础，利用传递熵网络图构建有向装配关联图，规划装配顺序；利用预测区间，对飞机结构件超差识别、构建约束函数；结合相对装配成本指标从不同的装配方案中选择最优装配顺序、实现装配偏差控制。图 5-7 所示为飞机装配偏差控制流程，具体步骤如下。

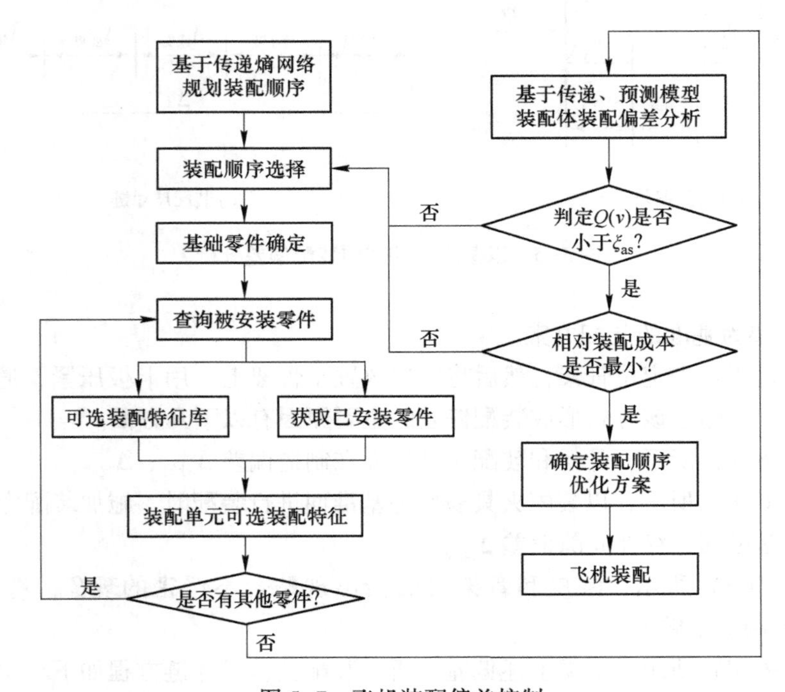

图 5-7　飞机装配偏差控制

步骤一：基于多层级装配偏差传递熵网络理论，结合装配协调关系，构建有向装配关联图，规划装配顺序。

步骤二：选择装配件装配顺序，确定装配基础零件。

步骤三：查询装配体中被安装的装配零件，选择该装配零件的匹配特征。

步骤四：检查是否有其他零件进行装配，如有其他零件装配，则执行步骤三，反之，执行步骤五。

步骤五：依据装配偏差传递、预测模型，构建约束函数 $Q(\nu)$，并与传递模型的综合装配偏差 ξ_{as} 进行对比，如 $Q(\nu)<\xi_{as}$，则执行步骤六，否则执行步骤二。

步骤六：利用相对装配成本指标，计算相对装配成本并确定是否为最小值，如果相对装配成本为最小值，则执行步骤七，反之，执行步骤二。

步骤七：确定最优装配顺序，控制装配偏差，完成飞机装配。

5.2.1　基于装配偏差传递熵网络的装配顺序表达

基于多层级装配偏差传递熵网络理论，结合装配协调树，采用从下往上的分层方式，规划装配体装配顺序。首先规划最下层级零件的装配顺序。然后规划上一层级的子装配体的装配单元的装配顺序。最后以此类推，规划整个结构件的子装配体装配顺序。

基于多层级传递熵网络 $G=\{V, L, E, F_V, F_E\}$，提取如图 5-8 所示的有向装配关联图 $G^1=\{V^1, E^1\}$，此图是由非空节点集 V^1 和边集 E^1 构成的。其中，V^1 为子装配体或构成子装配体零件的集合，E^1 为子装配体或零件间配合特性集合。

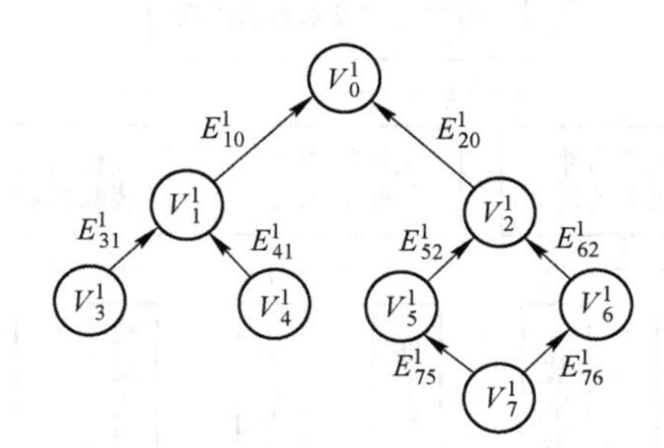

图 5-8　有向装配关联图

在飞机结构件有向装配关联图的基础上，规划所有装配关联图节点的装配顺序。为了便于理解和计算，采用字符串表达方式对装配顺序进行定义，具体表达如下

$$\mathrm{AS}(\nu)=\{\mathrm{SS}:\{\mathrm{PS}:\{\mathrm{LS}: V_1^1, V_2^1, \cdots, V_\kappa^1\}, \mathrm{sub}_\partial, \mathrm{sub}_{\partial+1}, \cdots\}\mathrm{sub}_\rho, \mathrm{sub}_{\rho+1}, \cdots\} \tag{5-33}$$

式（5-33）中，ν 表示不同方案的装配顺序，分总成 $\mathrm{sub}_\partial=\{V_1^1, V_2^1, \cdots, V_\kappa^1\}$；$\kappa$ 为装配体零件数量；“{}”描述装配阶段的分层信息；SS 表示串联分总成类型；PS 表示并联分总成类型；LS 表示环联分总成类型。

5.2.2　约束函数构建

约束函数是装配顺序在优化过程中相对装配成本取值的限制函数，装配顺序与有向装配关联图能够为装配偏差的计算提供装配尺寸链的基本框架。基于预测区间（D_p）′对飞机结构件超差进行识别，利用加权系数法，计算不同装配顺序的装配偏差函数，如下

$$\begin{cases} Q(\nu) = \dfrac{\sum\limits_{\varsigma=1}^{\iota} \varpi_{\varsigma}\,\mathrm{Tol}_{\varsigma}}{\iota} \\ Q(\nu) \in (D_p)' \end{cases} \tag{5-34}$$

式（5-34）中，Tol_{ς}表示第ς装配单元的特征公差，ϖ_{ς}表示加权系数，为了计算方便，本节选择相同的加权系数，其值为0.5。

5.2.3　装配偏差控制

针对飞机结构件的不同装配顺序，将相对装配成本作为评价标准来衡量装配顺序方式的可行性。对于任意两个待装配的装配单元 Au_1、Au_2，通过装配工艺性、装配准确度、装配稳定性三个指标表示装配单元 Au_1 装配完成后对装配单元 Au_2 产生的相对装配成本的影响程度。相对装配成本影响因子的表达式如下

$$\mathrm{Ac} = (\mathrm{Ac}_1\mathrm{Ac}_2\mathrm{Ac}_3) \tag{5-35}$$

式（5-35）中，Ac_1 表示装配工艺性的影响系数，Ac_2 表示装配准确度的影响系数，Ac_3 表示装配稳定性的影响系数。

图5-9所示为飞机结构件相对装配成本的影响因素。

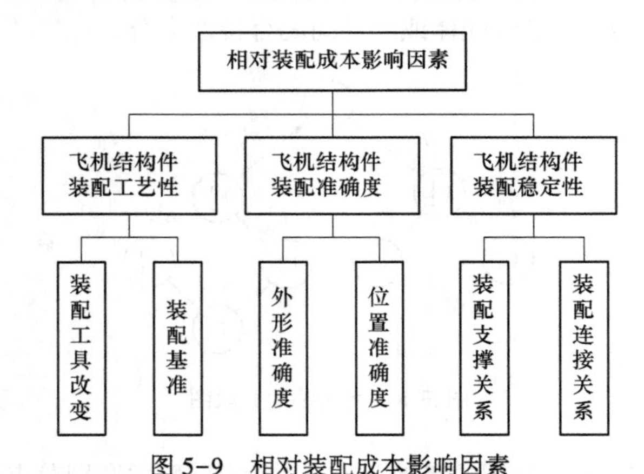

图5-9　相对装配成本影响因素

（1）装配工艺性综合评价指标

在飞机产品装配阶段，装配工艺性越复杂，结构件的相对装配成本越高。在装配阶段，装配工艺性通过改变装配工具和装配工艺基准共同决定。

装配阶段应尽量多利用同一装配工具或设备连续完成装配工作，节约生产时间成本。将本次工装操作与上次工装操作是否改变装配工具或设备作为装配工具改变的判定标准。

$$\mathrm{Ct} = \begin{cases} 1 & \text{未改变工具或设备} \\ 0 & \text{改变工具或设备} \end{cases} \tag{5-36}$$

装配单元 Au_1 与 Au_2 在装配阶段，如果以装配单元 Au_1 上的孔、线、面为装配基准，则装配单元 Au_1 起到基准作用，装配单元 Au_2 相应基准依赖关系的判定指标 $\mathrm{Re}_{2(1)} = 1$，

反之，$Re_{2(1)}=0$。

基于装配工具改变与装配基准的装配工艺性指标如下

$$Apc=\partial Ct+(1-\partial)Re \tag{5-37}$$

式（5-37）中，∂ 表示改变装配工具的相关系数，其取值范围一般是 0~1。装配工艺性指标 Apc 的值越大，表示装配单元 Au_2 的装配工艺越复杂，该结构件的装配成本越高，偏差控制越困难。

（2）装配准确度评价指标

装配准确度通过位置准确度和外形准确度两个指标共同决定，位置准确度较高与外形准确度较高的装配单元应优先装配。采用容差半带宽作为装配准确度的评价标准

$$U=\frac{Dim_{max}-Dim}{Dim_{max}-Dim_{min}} \tag{5-38}$$

式（5-38）中，Dim_{max}、Dim_{min} 分别表示可行性装配顺序对应的偏差的最大值和最小值，Dim 表示该装配顺序的所有偏差。

（3）装配稳定性综合评价指标

装配稳定性的高低会决定飞机产品相对装配成本的高低，通常情况下，产品装配稳定性越高，则其所耗费的相对装配成本越低。装配稳定性的高低与装配阶段的装配连接方法和装配支撑关系有关，因此，可以利用连接方式判定指标和装配支撑关系判定指标来共同表示装配稳定性。

装配单元 Au_2 在装配阶段采用不同的装配连接方式会在不同程度上影响飞机结构件的装配稳定性。规定连接强度 Cs 当作装配连接方式的判定标准，一般来说，最稳定的连接方式就是焊接，假设焊接的连接强度为 1，对其他连接方式的连接强度进行归一化处理，其值大小见表 5-5。

表 5-5　连接强度数值

连接方式	焊接	铆接	螺纹连接	过盈配合	过渡配合	间隙配合
连接强度	1.0	0.7	0.6	0.5	0.4	0.2

在装配阶段，如果装配单元 Au_2 的质心在支撑面的上方，装配单元 Au_1 就能够稳定地支撑装配单元 Au_2，则装配支撑关系标准 $\theta=1$，反之，$\theta=0$。

依据装配连接方法和装配自由度约束二者的评价标准，构建装配稳定性的综合评价标准 As，具体函数表达如下

$$As=\vartheta Cs+(1-\vartheta)\theta \tag{5-39}$$

式（5-39）中，ϑ 表示连接强度的系数，其取值范围一般是 0~1。As 的值越大，表示完成装配的稳定性越好。

在装配完成后，装配单元 Au_2 产生的相对装配成本指数 RACI，具体表达如下

$$\begin{cases}RACI=(RACI_1 RACI_2 RACI_3)\\RACI_1+RACI_2+RACI_3=1\end{cases} \tag{5-40}$$

式（5-40）中，$RACI_1$、$RACI_2$、$RACI_3$ 分别是飞机结构件装配工艺性、装配准确度和装配稳定性的相对装配成本指数。

定义 $RACI_1(2)$ 是装配单元 Au_1 对装配单元 Au_2 造成的相对装配成本，其表达如下

$$RACI_1(2) = Ac_1 RACI_1 + Ac_2 RACI_2 + Ac_3 RACI_3 \tag{5-41}$$

式（5-41）中，$Ac_1 = Apc$，$Ac_2 = U$，$Ac_3 = \frac{1}{As}$。

根据不同装配顺序对装配偏差的影响确定最优装配顺序、控制装配偏差，其最优装配顺序可以由以下方程确定

$$\begin{cases} \min RACI = \sum RACI_1(2) \\ s.t. \quad Q(\nu) = \dfrac{\sum_{\varsigma=1}^{\iota} \varpi_{\varsigma} \, Tol_{\varsigma}}{\iota} < \xi_{As} \end{cases} \tag{5-42}$$

5.2.4 案例分析

飞机翼盒骨架模拟件是由隔板、前梁、支臂、后梁、翼肋组成的，将其作为应用研究案例，分析翼盒骨架不同装配顺序对装配偏差的影响，结合相对装配成本方法，寻找最优装配顺序，从而控制翼盒骨架装配偏差。图 5-10 为翼盒骨架结构示意图。

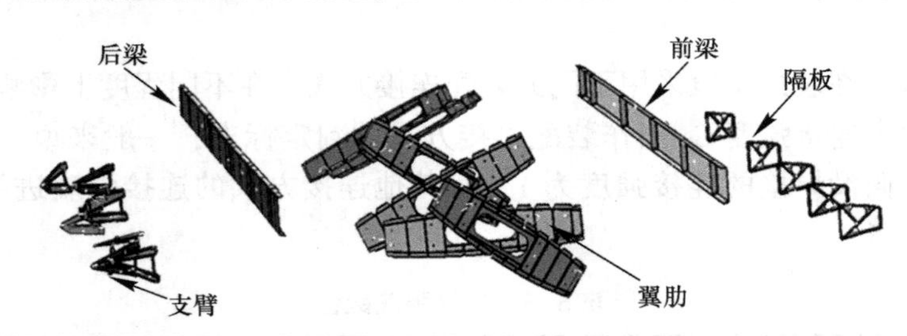

图 5-10　翼盒骨架结构

图 5-11 所示为飞机翼盒骨架装配分解。飞机翼盒骨架模拟件的基本装配内容如下：①在装配夹具上固定后梁，安装支臂；②在装配夹具上安装前梁，依据后梁位置调整安装位姿；③依据后梁定位柱的位置，固定翼肋的后端；依据前梁定位柱的位置，夹紧翼肋的前端；连接翼肋和翼肋定位柱，完成所有翼肋连接；④最终完成飞机翼盒骨架装配。

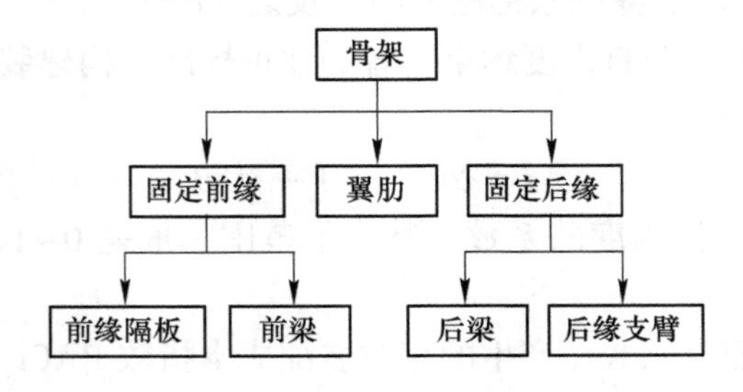

图 5-11　翼盒骨架装配分解

定义 1、2、3、4、5 分别代表隔板、前梁、翼肋、后梁、支臂，依据飞机结构件装配顺序可行性规划，结合图 5-9 和式（5-32），可得到飞机翼盒骨架优化前后装配顺序，见表 5-6。依据《装配容差控制通用要求》与仿真模型数据，测得飞机翼盒骨架组成零件的特征点装配前后变形量，见表 5-7。

表 5-6　飞机翼盒骨架装配顺序

序号	装配顺序
A	{PS：{PS：4，5}，3，{PS：1，2}}
B	{PS：{PS：1，2}，3，{PS：4，5}}

表 5-7　飞机翼盒骨架零件特征点形变量　　mm

名称	隔板特征点偏差	前梁特征点偏差	翼肋特征点偏差	后梁特征点偏差	支臂特征点偏差
公差	0.058	-0.03	-0.07	0.018	0.059

为了计算方便，选择相同的相关系数 $\partial=\vartheta=0.5$，$RACI_1=0.2$、$RACI_2=0.5$、$RACI_3=0.3$，分别计算两种装配顺序的相对装配成本，结果见表 5-8。

表 5-8　相对装配成本结果

装配单元编号	相对装配顺序	Re	Ct	U	Cs	RACI
1	—	—	—	0.23	—	—
2	2-3	1	0	0.77	螺纹连接	1.49
3	4-5	0	0	0.00	螺纹连接	1.00
	1-2	0	0	0.00	螺纹连接	1.00
4	4-5	1	0	1.00	螺纹连接	1.60
	4-5-3	1	0	1.00	螺纹连接	1.60
5	—	—	—	0.21	—	—

在飞机翼盒骨架模拟件的不同装配顺序的基础上，综合装配偏差表达式可知，飞机翼盒骨架模拟件的装配偏差为 0.145mm，而优化后 B 装配顺序的装配偏差为 0.118mm，低于 0.145mm，满足装配偏差要求。A 装配顺序的综合相对装配成本为 2.60，B 装配顺序的综合相对装配成本为 2.49；最终确定最优装配顺序为 B：{PS：{PS：1，2}，3，{PS：4，5}}。结果表明 B 装配方案通过优化装配顺序，控制了装配偏差。

5.3　本章小结

（1）由于飞机产品产量小，偏差数据样本量小，因此，概率统计方法不适合预测装配偏差。此外，飞机结构是柔性的，因此，用装配尺寸链来计算装配偏差也是不可行的。为此，本章提出了一种基于多源数据融合的小样本检测数据驱动的飞机结构装配偏差协同预测方法。该方法根据装配零件和产品的偏差检测数据，基于灰色系统理论，分别对飞机结构的装配偏差进行预测；利用自适应加权理论对预测数据进行综合，得到协同预测值。

（2）协同预测方法结合了偏差源和装配质量两个角度的偏差数据，而传统的灰色系统预测方法仅依赖于单边偏差检测数据。因此，飞机结构装配偏差协同预测方法的精度高于传统的灰色系统预测方法。

（3）本章以装配工艺性、准确度与稳定性作为飞机结构件装配顺序的指标，结合相对装配成本，确定装配顺序优化方案、减少装配偏差。

第6章　装配质量综合反演与装配公差优化设计

飞机结构件的装配质量受到众多偏差源的影响，构建装配偏差与装配质量的映射模型可以为控制飞机结构件装配质量奠定理论基础。飞机结构件装配偏差与装配质量目标的关联复杂，难以直接利用几何原理描述二者之间的关系。为此，本章依据产品装配过程信息，确定影响装配质量的关键要素，并依据装配偏差及装配质量检测数据信息，提出一种基于支持向量机回归技术的飞机结构件装配质量综合反演方法。该方法以可靠的仿真数据为基础，采用支持向量机回归技术建立各偏差源装配偏差与装配质量的数学模型，揭示两者之间的映射关系，用构建的数学模型代替原基于知识与经验建立的装配质量控制理想模型，使飞机结构件装配质量控制由经验设计上升到理性设计。

6.1　装配质量综合反演

6.1.1　装配质量综合反演模型分析

6.1.1.1　*装配质量影响因素分析*

在构建装配偏差与装配质量的数学模型之前，应先分析影响飞机结构件装配质量的主要影响因素，从而降低信息维度以便分析计算。将主要影响因素作为该数学模型的信息输入，将飞机结构件装配质量检测数据作为该数学模型的信息输出。在此基础上构建装配偏差与装配质量的映射关系，实现装配质量的综合反演。

在飞机结构件装配阶段，存在众多影响飞机结构件装配质量的因素。装配零件的加工制造误差、装配夹具的加工制造误差、装配零件的安装定位误差、铆接装配变形误差、薄壁零件的回弹偏差及人为操作误差等均会对飞机结构件装配偏差造成影响。依据偏差引入方式的不同，可以将偏差分为加工制造偏差、装配工艺偏差、人为因素偏差、环境因素偏差等，以上因素又包含了众多的子影响因素。

①加工制造偏差包含装配零件的加工制造偏差和装配夹具的加工制造偏差等内容。零件的加工方式不同、加工设备精度不同及零件自身的变形等均会导致零件出现初始制造偏差。装配夹具能准确地定位各装配零件，但在夹具的加工制造过程中也可能会产生偏差，从而导致装配偏差。

②装配工艺包含装配顺序、连接方式、安装定位等内容。装配顺序能影响装配偏差的传递过程，飞机结构件连接方式主要以铆接方式为主，铆接装配过程会施加给零件铆接

力，铆接完成后薄壁柔性零件会产生回弹形变，从而对产品的装配质量产生影响。此外，装配基准选择的不同也会对装配质量产生影响。

③人为因素包括操作员技术不熟练、操作误差等引入的偏差。当前随着装配设备、技术等的不断改进，自动化装配技术的不断发展，人为因素引入的偏差在不断减小，但还是会存在。

④环境因素对飞机结构件装配质量的影响是随机的，难以进行预估。主要原因是飞机使用材料的强度、硬度和热胀性等属性，在一定程度上受到温度、湿度等环境因素的影响。

基于上述分析，构建如图 6-1 所示的飞机结构件装配质量影响因素分析鱼骨图，鱼骨图上的鱼刺均为影响因素，这些影响因素相互作用，共同影响着飞机结构件的装配质量。

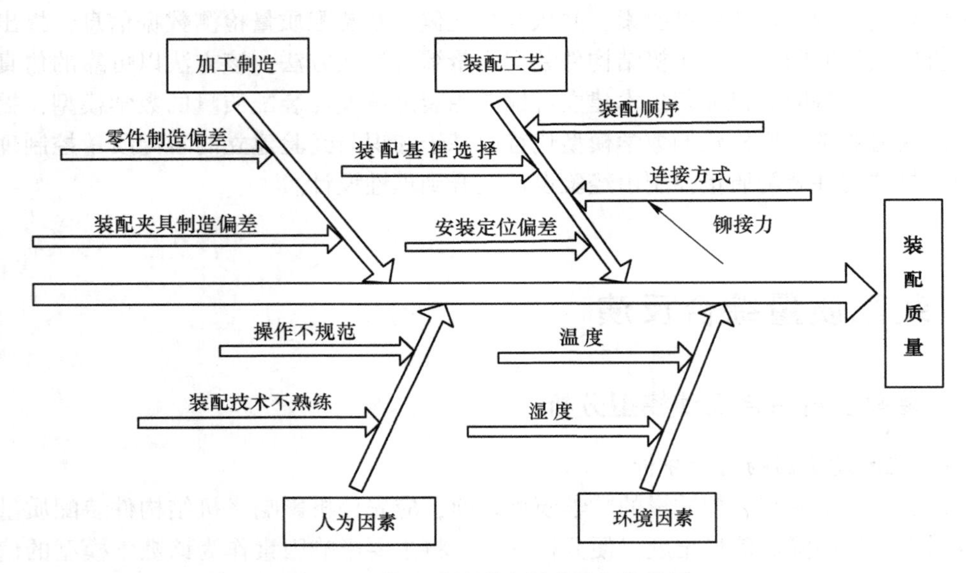

图 6-1　装配质量影响因素分析鱼骨图

6.1.1.2　装配质量综合反演设计

装配质量模型构建的数据来源主要有试验测试、理论计算和仿真分析。

①测试数据精确可靠，但是数据量少且离散。

②理论计算可获得连续设计数据，但依据该数据研制产品质量的实测值与理论计算值又存在较大偏差。

③飞机产品模型复杂、零部件数量众多，导致仿真模型庞大，仿真时间和成本大大增加，且仿真数据也是离散的。

鉴于以上分析，可以采用如图 6-2 所示的基于支持向量机回归技术的飞机结构件装配质量综合反演方式。其利用第 2 章提出的仿真模型可信度评价方法验证构建的装配偏差仿真模型，实现数据样本的补充，提出基于支持向量机回归技术的飞机结构件装配质量综合反演方法。

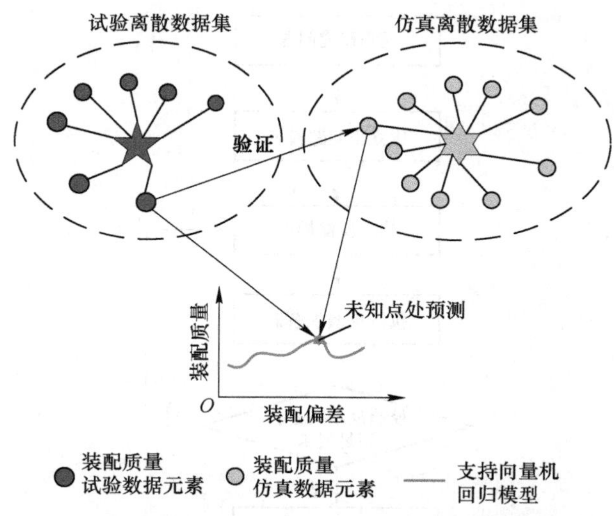

图 6-2　基于支持向量机回归技术的飞机结构件装配质量综合反演示意

图 6-3 所示为飞机结构件装配质量反演模型构建流程。首先利用第 2 章中所述的飞机结构件装配偏差仿真模型可信度评价方法，获取可信度满足要求的仿真模型。接着依据装配偏差仿真模型获取可靠的仿真数据，构建装配质量属性集。然后利用支持向量机回归技术构建装配偏差及装配质量的近似模型获取装配偏差与装配质量的映射关系。最后将装配偏差与装配质量的映射关系量化为连续的数学映射模型，实现未知点处的装配质量的预测，完成装配质量的综合反演。

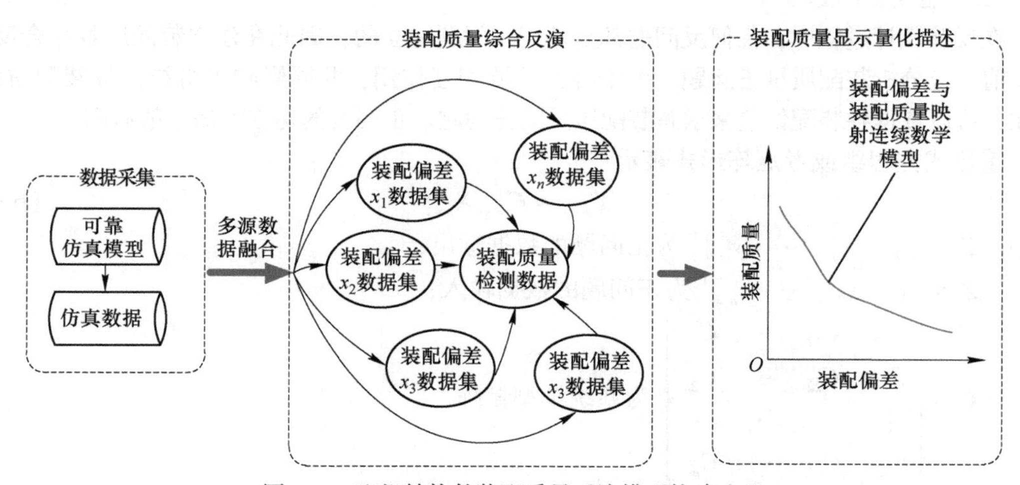

图 6-3　飞机结构件装配质量反演模型构建流程

6.1.1.3　装配质量综合反演流程

反演设计是通过分析模型的输入与输出实测数据，推测出系统模型参数的一种理论与方法，它被广泛应用于各项工程领域中。反演设计以装配质量为反演目标，依据各装配单元偏差数据及装配质量检测数据，构建装配质量的综合反演模型；利用支持向量机回归技术求解反演模型的参数，完成装配质量的综合反演。图 6-4 所示为装配质量综合反演设计流程。

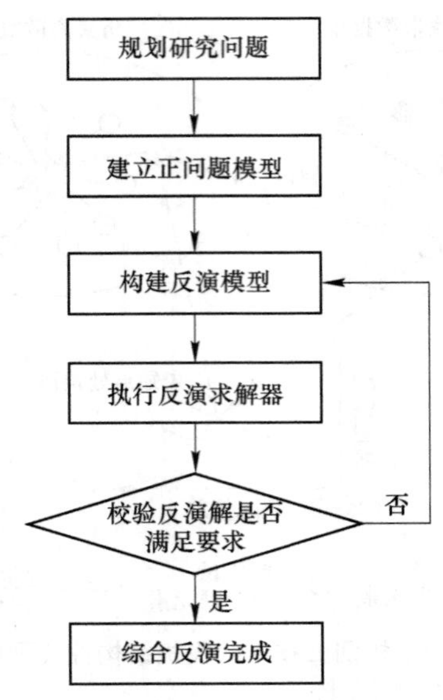

图 6-4　装配质量综合反演设计流程

（1）对反演问题进行规划

在进行装配质量综合反演设计之前，首先需要对反演设计的目标进行分析，规划反演目标求解过程。然后以飞机结构件装配偏差与装配质量的映射关系为反演目标，以可靠的装配偏差仿真模型提供数据支撑，将支持向量机回归方法定为求解方法。

（2）建立正问题模型

在反演设计过程中，任何反问题都是基于正问题建立的，因此在建立装配质量综合反演模型前，应分析装配质量正问题。由于各偏差源相互作用，共同影响飞机结构件装配质量，因此，可以依据各装配偏差来求解装配质量的正问题。正问题的建立方法一般有两种。

①显式方程组或者矩阵形式表示

$$\boldsymbol{Y}^{s}_{m\times 1}=\boldsymbol{C}_{m\times n}\boldsymbol{X}_{n\times 1} \tag{6-1}$$

式中，$\boldsymbol{Y}^{s}=[y_1^s \quad y_2^s \quad \cdots \quad y_m^s]^{\mathrm{T}}$ 为正问题的数据输出；

$\boldsymbol{X}=[x_1 \quad x_2 \quad \cdots \quad x_n]^{\mathrm{T}}$ 为正问题的数据输入；

$\boldsymbol{C}=\begin{bmatrix} C_{11} & C_{12} & \cdots & C_{1n} \\ C_{21} & C_{22} & \cdots & C_{2n} \\ \vdots & \vdots & \ddots & \vdots \\ C_{m1} & C_{m2} & \cdots & C_{mn} \end{bmatrix}$ 为系统模型矩阵。

②隐式方法表示

在机械工程领域，大量的模型都是非常复杂的，几乎不能用显式的矩阵来描述模型的输入与输出之间的关系，因此，需要借助各种计算机辅助工具来建立正问题模型。甚至由于有些问题涉及多个领域的知识，因此通常需要联合多个计算机辅助工具来建立正问题模型。

（3）构建反演模型

常用的反演模型主要有多项式响应面模型、径向基函数模型、Kringing 模型及支持向

量机回归模型等。与其他模型相比，支持向量机回归模型在小样本、非线性及高维数据处理中有明显的优势，在保证反演精度的同时具有较高的稳定性。因此，选用支持向量机回归技术建立装配质量综合反演模型。

（4）执行反演求解器

依据装配偏差与装配质量检测数据，利用支持向量机回归技术，求解装配偏差与装配质量之间的映射数学模型，用于未知点处装配质量的预测，实现装配质量的综合反演。

（5）校验反演解

为保证反演模型所求得的解满足要求，即达到一定的精度，需要对反演解进行精度校验。若满足要求，则反演完成，否则，需要重新进行反演设计。

6.1.2　反演模型构建

6.1.2.1　支持向量机回归

（1）支持向量机分类

支持向量机最初是由分类问题的研究发展而来的，针对 N 个样本点，利用分类方法将这些样本点区分开，使相同类的样本点分到一起。传统的分类方法是构造一个超平面，使这些样本中不同类的样本点处于超平面的两侧。但这个超平面可能很靠近某些样本点，所获取的超平面并非最优超平面。支持向量机分类的原理是在空间寻找一个最优平面，使样本点离超平面尽可能远。这样可以使经验风险和置信范围最小，降低实际分类风险。图 6-5 所示为支持向量机分类模型。

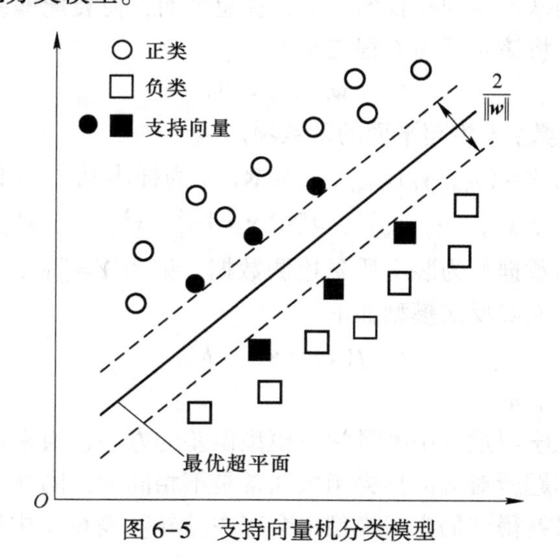

图 6-5　支持向量机分类模型

（2）支持向量机回归

在此基础上，将分类技术的支持向量机推广到回归估计的支持向量机回归算法。支持向量机回归是一种基于统计学习理论的学习方法，其原理是利用非线性映射方法将输入样本数据映射到一个高维特征空间，然后寻找到一个超平面来逼近目标函数。区别于支持向量机分类技术，支持向量机回归技术是使所有样本数据尽可能地靠近该超平面，从而最小化回归模型的偏差。支持向量机回归模型如图 6-6 所示。

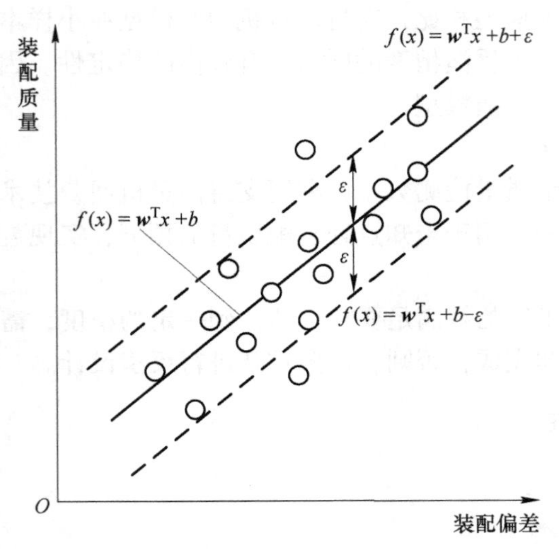

图 6-6　支持向量机回归模型

6.1.2.2　装配质量综合反演模型构建

装配质量综合反演模型主要是构建一个回归函数描述装配偏差与装配质量之间的映射关系，从而用于对未知点处的输出进行预测。将回归函数定义为

$$y=f(x) \tag{6-2}$$

支持向量机回归的基本原理是找到一个最优超平面，使装配偏差与装配质量样本数据集尽可能靠近该平面。将该超平面方程定义为

$$\boldsymbol{w}x+b=0 \tag{6-3}$$

式中，$\boldsymbol{w}$ 为超平面的系数；b 为超平面的常数项。

定义训练样本集为 $Z=(x_i,\ y_i)_{i=1\sim n}$，$y_i\in\mathbf{R}$，$n$ 为样本数。样本的输入数据集为装配偏差数据，记为 $\boldsymbol{X}=[\boldsymbol{x}_1,\ \boldsymbol{x}_2,\ \cdots,\ \boldsymbol{x}_n]^{\mathrm{T}}$，其中 $\boldsymbol{x}_i=[x_i^1,\ x_i^2,\ \cdots,\ x_i^l]$，$l$ 为装配偏差样本数据的维度；样本的输出数据集为装配质量检测数据，记为 $\boldsymbol{Y}=[y_1,\ y_2,\ \cdots,\ y_n]^{\mathrm{T}}$。基于支持向量机回归技术构建回归反演模型如下

$$f(x)=\boldsymbol{w}x+b \tag{6-4}$$

式中，$\boldsymbol{w}=[w_1,\ w_2,\ \cdots,\ w_l]$。

损失函数是一种在学习过程中衡量学习模型误差的方法，通常在学习之前就已经被选择好了。不同的学习问题所对应的损失函数通常是不相同的，同样的学习问题如果选择的损失函数不同，那么最终得到的学习模型也会存在差异。表 6-1 中列出了常见的几种损失函数。

表 6-1　常用的损失函数

损失函数名称	损失函数表达式
ε-不敏感	$\lvert \xi_i \rvert_{\varepsilon}$
拉普拉斯	$\lvert \xi_i \rvert$

表 6-1（续）

损失函数名称	损失函数表达式
高斯	$\frac{1}{2}\xi_i^2$
多项式	$\frac{1}{p}\mid\xi_i\mid^p$
鲁棒损失	$\begin{cases}\frac{1}{2\sigma}(\xi_i)^2, & \mid\xi_i\mid\leqslant\sigma\\ \mid\xi_i\mid-\frac{\sigma}{2}, & 其他\end{cases}$

为保证拟合的效果，设定所有的训练样本均在精度 ε 下完成拟合，采用标准支持向量机 ε-不敏感损失函数

$$L(x,\ y,\ f,\ \varepsilon)=\mid y-f(x)\mid_{\varepsilon}=\max(0,\ \mid y-f(x)\mid-\varepsilon) \tag{6-5}$$

L 值越小，则支持向量机回归模型精度越高，此时，问题转化为寻求 $\|w\|$ 的最小值问题，可表示为以下优化问题

$$\begin{aligned}&\min\frac{1}{2}\|w\|^2\\&s.t.\begin{cases}\boldsymbol{w}\cdot x_i+b-y_i\leqslant\varepsilon\\ y_i-\boldsymbol{w}\cdot x_i-b\leqslant\varepsilon\end{cases}\end{aligned} \tag{6-6}$$

考虑到存在超出精度的训练样本数据，因此，引入非负松弛因子 λ_i，λ_i^*，将式（6-6）中的优化问题转化为以下优化问题

$$\begin{aligned}&\min\frac{1}{2}\|w\|^2+C\sum_{i=1}^{n}(\lambda_i+\lambda_i^*)\\&s.t.\begin{cases}w\cdot x_i+b-y_i\leqslant\varepsilon+\lambda_i^*\\ y_i-w\cdot x_i-b\leqslant\varepsilon+\lambda_i\\ \lambda_i,\ \lambda_i^*\geqslant 0\quad i=1,\ 2,\ \cdots,\ n\end{cases}\end{aligned} \tag{6-7}$$

式（6-7）中，第一项保证拟合函数尽量平坦，从而提高反演模型的泛化能力；第二项是为了减小模型的拟合误差；C 为罚函数因子，为定值，用于平衡回归函数的平坦程度与偏差超出精度 ε 的样本数据量。

依据式（6-7）可知，该问题转换成一个凸二次优化问题。为消除约束条件，利用拉格朗日乘子法对该优化问题进行求解，构建如下的拉格朗日方程

$$\begin{aligned}&L(w,\ b,\ \alpha,\ \alpha^*,\ \lambda,\ \lambda^*,\ \mu,\ \mu^*)=\\&\frac{1}{2}\|w\|^2+C\sum_{i=1}^{n}(\lambda_i+\lambda_i^*)-\sum_{i=1}^{n}\alpha_i[y_i-w\cdot x_i-b+\varepsilon+\lambda_i]-\\&\sum_{i=1}^{n}\alpha_i^*[y_i-w\cdot x_i-b+\varepsilon+\lambda_i^*]-\sum_{i=1}^{n}(\mu_i\lambda_i+\mu_i^*\lambda_i^*)\end{aligned} \tag{6-8}$$

式（6-8）中，α，α^*，μ，μ^* 为拉格朗日乘子。

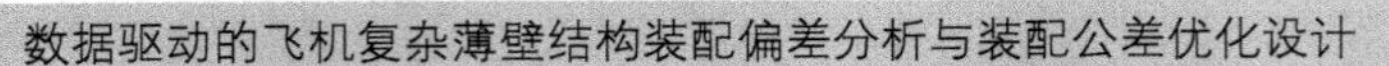

分别对 w，b，λ，λ^* 求偏导并使其求导后为零，可得

$$\begin{cases}\dfrac{\partial L}{\partial w}=0\Rightarrow w=\sum_{i=1}^{n}(\alpha_i^*-\alpha_i)x_i\\\dfrac{\partial L}{\partial b}=0\Rightarrow\sum_{i=1}^{n}(\alpha_i^*-\alpha_i)=0\\\dfrac{\partial L}{\partial\lambda_i}=0\Rightarrow\mu_i+\alpha_i=C\\\dfrac{\partial L}{\partial\lambda_i^*}=0\Rightarrow\mu_i^*+\alpha_i^*=C\end{cases}\tag{6-9}$$

将式（6-9）求得的函数 L 对 w，b，λ，λ^* 的最小化必要条件带入到方程 L 中去，转化成对偶问题，如下

$$\max W(\alpha,\ \alpha^*)=\sum_{i=1}^{n}y_i(\alpha_i^*-\alpha_i)-\varepsilon\sum_{i=1}^{n}(\alpha_i^*+\alpha_i)-\frac{1}{2}\sum_{i,\ j=1}^{n}(\alpha_j^*-\alpha_j)(\alpha_j^*-\alpha_j)(x_i\cdot x_j)\tag{6-10}$$

$$s.t.\begin{cases}\sum_{i=1}^{n}(\alpha_i^*-\alpha_i)=0\\0\leqslant\alpha_i^*,\ \alpha_i\leqslant C\end{cases}$$

针对偏差检测数据高维度的特征，利用核函数将其复杂的高维运算转化为低维数据的核函数运算，使计算的复杂程度不再依据数据维度确定，而是与数据样本量相联系。因此，引入核函数到综合反演模型中，以解决飞机结构件装配偏差数据呈现的小样本、非线性和高维度等特征问题。当前常见的核函数有以下几种。

①线性核函数：$K(x_1,\ x_2)=x_1\cdot x_2$。

②多项式核函数：$K(x_1,\ x_2)=(x_1\cdot x_2+c)^d$，$d\in\mathbf{N}$，$c\geqslant 0$。

③高斯径向基核函数：$K(x_1,\ x_2)=\exp\left(-\dfrac{\|x_1-x_2\|^2}{2\sigma^2}\right)$。

④Sigmoid 核函数：$K(x_1,\ x_2)=\tanh(\nu(x_1\cdot x_2)+c)$。

⑤样条核函数：$K(x_1,\ x_2)=1+x_1\cdot x_2+\dfrac{1}{2}(x_1\cdot x_2)\min(x_1\cdot x_2)-\dfrac{1}{6}\min(x_1\cdot x_2)^3$。

高斯径向基核函数通过调控参数 σ 控制拟合的精度并且具有很好的灵活性，使其成为使用最广泛的核函数之一。利用高斯径向基核函数替换式（6-10）中的内积计算，将其改写为

$$\max W(\alpha,\ \alpha^*)=\sum_{i=1}^{n}y_i(\alpha_i^*-\alpha_i)-\varepsilon\sum_{i=1}^{n}(\alpha_i^*+\alpha_i)-\frac{1}{2}\sum_{i,\ j=1}^{n}(\alpha_i^*-\alpha_i)(\alpha_j^*-\alpha_j)K(x_i,\ x_j)\tag{6-11}$$

依据式（6-10）与式（6-11），可得支持向量机回归拟合函数

$$f(x) = w \cdot x + b = \sum_{i=1}^{n} (\alpha_i^* - \alpha_i) K(x_i, x) + b \tag{6-12}$$

依据 KKT（Karush-Kuhn-Tucher）条件可求得回归函数的常数系数 b

$$\begin{cases} b = y_i - \sum_{i=1}^{n} (\alpha_i^* - \alpha_i) K(x_i, x) - \varepsilon \\ 0 < \alpha_i < C \\ 0 < \alpha_i^* < C \\ i = 1, 2, \cdots, n \end{cases} \tag{6-13}$$

综合式（6-12）与式（6-13），计算得到支持向量机回归函数

$$f(x) = \sum_{i=1}^{n} (\alpha_i^* - \alpha_i) e^{-g \| x_i - x \|^2} + b \tag{6-14}$$

式（6-14）中，g 为核参数，且 $g=\frac{1}{2\sigma^2}$。

6.1.3　模型最优参数求解

在机器学习模型建立的过程中，交叉验证方法经常被应用于模型参数寻优。交叉验证方法的基本思想是将现有检测样本数据进行切分，分为训练集数据与测试集数据，训练集数据用于学习模型的训练，测试集数据用于模型精度的验证。交叉验证方法相比于其他模型参数寻优方法中的遗传算法、粒子群算法、网格搜索法和混沌优化算法，具有参数少、易于实现、所需数据量小等优势。基于上述分析，本节选取交叉验证方法对支持向量机参数进行寻优，从而获取反演模型最优参数。图 6-7 所示为利用交叉验证法进行参数寻优的流程。

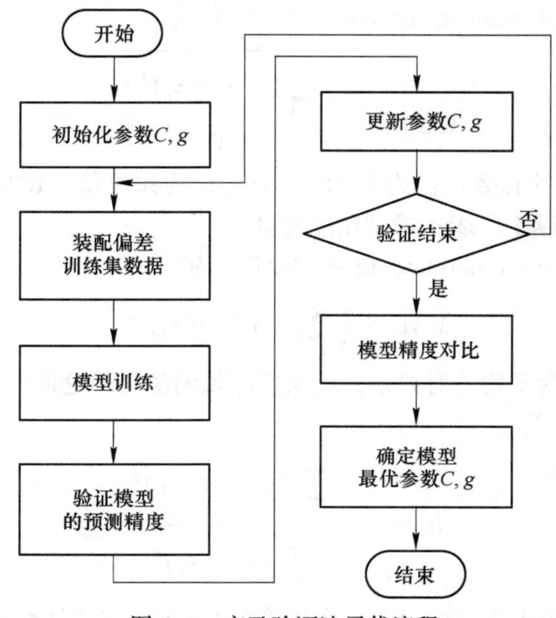

图 6-7　交叉验证法寻优流程

（1）初始化参数 C，g

装配质量综合反演模型基于支持向量机构建，其中惩罚系数 C 及核函数参数 g 是控制模型的重要参量。惩罚系数 C 及核函数参数 g 的选取直接关系到模型的精度，因此需要对其进行寻优。在利用交叉验证法对其进行优化之前，要先对参数进行初始化。定义参数 $C\in[C_1,\ C_m]$、$g\in[g_1,\ g_n]$，验证 C，g 的取值组合定义为

$$\boldsymbol{C},\ \boldsymbol{g}=\begin{bmatrix} C_1,\ g_1 & C_1,\ g_2 & \cdots & C_1,\ g_n \\ C_2,\ g_1 & C_2,\ g_2 & \cdots & C_2,\ g_n \\ \vdots & \vdots & \ddots & \vdots \\ C_m,\ g_1 & C_m,\ g_2 & \cdots & C_m,\ g_n \end{bmatrix} \tag{6-15}$$

（2）获取装配偏差训练集数据

定义装配偏差及装配质量检测数据集为 $Z=\{(x_i,\ y_i),\ i\in 1,\ 2,\ \cdots,\ s\}$，分别定义训练数据集与测试数据集为 Z_{train}、Z_{test}

$$\begin{cases} Z_{\text{train}}=\{(x_i,\ y_i),\ i\in s_1\} \\ Z_{\text{test}}=\{(x_i,\ y_i),\ i\in s_2\} \end{cases} \tag{6-16}$$

式（6-16）中，s_1 与 s_2 均为集合 $\{1,\ 2,\ \cdots,\ s\}$ 的子集，且 s_1 与 s_2 互补。

（3）模型训练

依据训练数据集中的数据及当前验证状态下的惩罚系数 C 及核函数参数 g 的值，依据式（6-1）~式（6-14）构建支持向量机回归模型，得到回归函数 $f(x)$。

（4）验证模型的预测精度

模型训练完成以后，需要验证模型的预测精度，以保证模型的有效性。通过选取测试集样本数据，计算得到对应的预测数据，再依据评价指标确定模型的预测精度。常见的模型评价指标有以下几种。

①均方根误差（root mean square error，RMSE）为

$$\text{RMSE}=\sqrt{\frac{\sum_{i=1}^{N}(y_i-f(x_i)^2)}{N}} \tag{6-17}$$

式中，N 为测试集数据的总数；y_i 为实际值，$f(x_i)$ 为预测值；RMSE 为量化了模型拟合的全局误差，RMSE 值越小，表示模型精度越高。

②平均绝对误差（mean absolute error，MAE）为

$$\text{MAE}=\frac{1}{N}\sum_{i=1}^{N}|y_i-f(x_i)| \tag{6-18}$$

式（6-18）中，MAE 为平均绝对误差，反映实际预测值与理论值的误差大小。

③决定系数（R^2）为

$$R^2=1-\frac{\sum_{i=1}^{N}(y_i-f(x_i))^2}{\sum_{i=1}^{N}(y_i-\bar{y}_i)^2} \tag{6-19}$$

式（6-19）中，R^2 的范围为 $[0,\ 1]$；R^2 越趋近 1，则模型的精度越高，反之则越低。一

般认为 $R^2>0.8$ 时的拟合效果较好。

(5) 模型精度对比

依据公式（6-15）不断更新 C，g 的值，然后继续过程（2）~（4），直至所有的参数值均被验证。记参数为 C_i，g_j 时的模型误差为 δ_{ij}，依据各参数状态下的模型误差，构建模型误差矩阵

$$\boldsymbol{\Phi}=\begin{bmatrix}\delta_{11} & \delta_{12} & \cdots & \delta_{1n}\\ \delta_{21} & \delta_{22} & \cdots & \delta_{2n}\\ \vdots & \vdots & \ddots & \vdots\\ \delta_{m1} & \delta_{m2} & \cdots & \delta_{mn}\end{bmatrix} \tag{6-20}$$

(6) 确定模型的最优参数 C，g。定义最佳的惩罚系数及核函数参数分别为

$$C_{\text{best}}，g_{\text{best}}=\begin{cases}C_i，g_j， & \delta_{ij}<\delta_{i(j+1)}\\ C_i，g_{j+1}， & \text{其他}\end{cases} \tag{6-21}$$

依据交叉验证法获取最优参数 C_{best}、g_{best}，构建装配偏差与装配质量之间的支持向量机回归模型，实现装配质量综合反演。

6.1.4　案例分析

以 2.3 节所述的飞机中机身壁板装配偏差仿真模型为研究对象，飞机壁板件装配质量综合反演流程如图 6-8 所示。首先依据装配工艺信息，来分析影响壁板装配的主要影响因素，并确定装配质量检测指标。然后采集并分析各影响因素的偏差检测数据及装配质量检测数据，剔除异常数据。再将影响因素偏差检测数据作为反演模型输入数据，将装配质量指标偏差检测数据作为模型输出数据，构建装配质量综合反演模型。最后对模型精度进行评价。

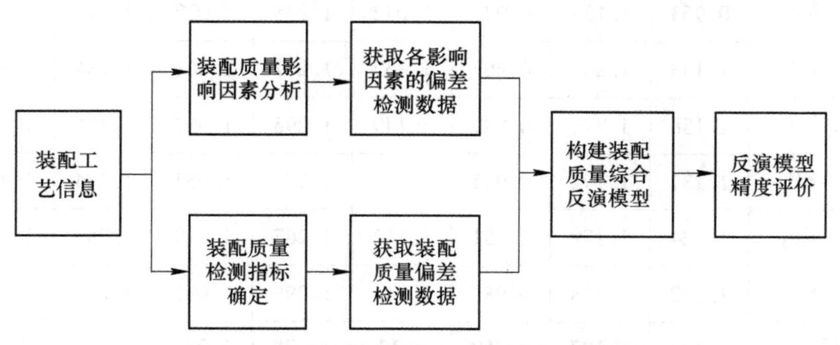

图 6-8　飞机壁板件装配质量综合反演流程

(1) 采集装配偏差及装配质量数据

以某型号飞机中机身中上壁板装配过程为基础，在保证其仿真模型可信度满足要求的前提下，实现利用仿真数据对实测数据样本进行补充，能使获取的样本分布更加全面。

依据如图 2-19 所示的该壁板的装配工艺信息可知，影响壁板件装配质量的主要影响因素为桁条位置度偏差、蒙皮位置度偏差、角片位置度偏差、钣金隔框位置度偏差及桁条接头位置度偏差。为符合壁板装配性能与质量要求，在壁板上布设关键控制点，将这些关键控制点定义为装配质量检测指标，并在对各控制点偏差数据进行均等权重后，将它们作

为装配质量检测数据。利用3DCS仿真软件对飞机壁板进行装配仿真，共进行18次蒙特卡罗装配仿真，获取各关键控制点装配偏差数据与综合装配质量，其中将各关键控制点偏差数据的均值定义为综合装配质量，见表6-2。

表6-2　装配偏差及装配质量检测数据　　mm

数据组别		1	2	3	4	5	6	7	8	9
桁条接头位置度		±0.4	±0.5	±0.3	±0.4	±0.5	±0.3	±0.4	±0.5	±0.3
钣金隔框位置度		±0.5	±0.4	±0.3	±0.5	±0.4	±0.3	±0.5	±0.4	±0.3
角片位置度		±0.4	±0.5	±0.3	±0.4	±0.5	±0.3	±0.4	±0.5	±0.3
蒙皮位置度		±0.3	±0.3	±0.3	±0.4	±0.4	±0.4	±0.5	±0.5	±0.5
桁条位置度		±0.3	±0.4	±0.5	±0.3	±0.4	±0.5	±0.3	±0.4	±0.5
关键控制点装配偏差	KP_{12}	1.159	1.223	0.988	1.146	1.296	1.089	1.294	1.354	1.306
	KP_{11}	1.101	1.182	0.939	1.117	1.274	1.047	1.273	1.321	1.265
	KP_{10}	1.111	1.184	0.942	1.114	1.269	1.052	1.267	1.329	1.269
	KP_9	1.161	1.218	0.984	1.152	1.296	1.093	1.306	1.355	1.298
	KP_8	1.137	1.207	0.971	1.134	1.284	1.059	1.287	1.342	1.289
	KP_7	0.912	1.161	0.926	1.056	1.252	1.026	1.255	1.287	1.249
	KP_6	0.963	1.153	0.921	1.072	1.245	1.022	1.248	1.254	1.241
	KP_5	1.133	1.204	0.967	1.132	1.287	1.061	1.284	1.339	1.283
	KP_4	1.158	1.221	0.992	1.149	1.296	1.087	1.296	1.358	1.294
	KP_3	1.131	1.192	0.945	1.116	1.273	1.053	1.274	1.325	1.265
	KP_2	1.124	1.189	0.951	1.112	1.267	1.049	1.269	1.328	1.273
	KP_1	1.162	1.228	0.983	1.145	1.296	1.091	1.296	1.362	1.299
综合装配质量		1.104	1.197	0.959	1.12	1.278	1.061	1.279	1.33	1.278
数据组别		10	11	12	13	14	15	16	17	18
桁条接头位置度		±0.5	±0.4	±0.3	±0.5	±0.4	±0.3	±0.5	±0.4	±0.3
钣金隔框位置度		±0.4	±0.5	±0.3	±0.4	±0.5	±0.3	±0.4	±0.5	±0.3
角片位置度		±0.3	±0.4	±0.5	±0.3	±0.4	±0.5	±0.3	±0.4	±0.5
蒙皮位置度		±0.3	±0.3	±0.3	±0.4	±0.4	±0.4	±0.5	±0.5	±0.5
桁条位置度		±0.4	±0.5	±0.3	±0.4	±0.5	±0.3	±0.4	±0.5	±0.3

表 6-2（续）

数据组别		10	11	12	13	14	15	16	17	18
关键控制点装配偏差	KP_{12}	1.037	1.337	1.095	1.202	1.346	1.194	1.241	1.467	1.316
	KP_{11}	1.002	1.303	1.061	1.162	1.306	1.146	1.194	1.417	1.266
	KP_{10}	0.997	1.299	1.049	1.159	1.313	1.159	1.189	1.429	1.268
	KP_9	1.032	1.342	1.084	1.198	1.355	1.181	1.234	1.466	1.304
	KP_8	1.024	1.312	1.071	1.183	1.329	1.171	1.209	1.442	1.279
	KP_7	0.962	1.252	1.029	1.139	1.259	1.125	1.123	1.408	1.248
	KP_6	0.987	1.261	0.999	1.142	1.282	1.102	1.152	1.365	1.177
	KP_5	1.022	1.317	1.066	1.188	1.321	1.166	1.211	1.438	1.283
	KP_4	1.036	1.362	1.089	1.206	1.348	1.186	1.228	1.471	1.299
	KP_3	1.004	1.306	1.056	1.168	1.309	1.149	1.192	1.424	1.259
	KP_2	1.011	1.301	1.053	1.171	1.312	1.153	1.197	1.427	1.264
	KP_1	1.042	1.345	1.092	1.201	1.351	1.192	1.233	1.463	1.301
综合装配质量		1.013	1.311	1.062	1.177	1.319	1.160	1.200	1.435	1.272

（2）构建支持向量机回归模型

将各装配零件偏差数据作为支持向量机回归模型的输入，将装配质量检测数据作为回归模型的输出，构建支持向量机回归数学模型。为保证支持向量机回归模型的精度，选用交叉验证方法对惩罚系数 C 与核函数参数 g 进行寻优，其中 $C\in[0,\ 100]$，$g\in[0,\ 10]$，支持向量机核函数类型为径向基核函数，损失函数 p 值设为 0.01，输出最优惩罚系数 C 与核函数参数 g 见表 6-3。

表 6-3　支持向量机回归模型及最优参数

名称	数值
支持向量机回归模型	$f(x)=\sum_{i=1}^{18}(\alpha_i^*-\alpha_i)e^{-g\|x_i-x\|^2}+b$
最优惩罚系数 C	64
最优核函数参数 g	0.0156
偏置常数 b	0.0147

（3）验证模型精度

依据构建的装配质量支持向量机回归模型，预测各组装配单元偏差情况下的装配质量。预测数据与理论数据见表 6-4。

表 6-4　回归模型预测数据及理论数据对比　　mm

组别	1	2	3	4	5	6	7	8	9
预测数据	1.102	1.200	0.962	1.180	1.259	1.092	1.276	1.332	1.245
理论数据	1.104	1.197	0.959	1.120	1.278	1.061	1.279	1.330	1.278
组别	10	11	12	13	14	15	16	17	18
预测数据	1.016	1.262	1.059	1.099	1.340	1.158	1.202	1.432	1.274
理论数据	1.013	1.311	1.062	1.177	1.319	1.160	1.200	1.435	1.272

对表 6-4 进行分析，利用均方根误差、平均绝对误差及决定系数作为该回归模型的精度验证指标，通过计算得到该回归模型的均方根误差为 0.029mm，平均绝对误差为 0.015mm，决定系数为 0.972，验证了该反演模型的精度。为了更加直观地体现回归模型的预测效果，依据表 6-4 中的预测数据及理论数据，绘制如图 6-9 所示的预测数据与理论数据对比图。

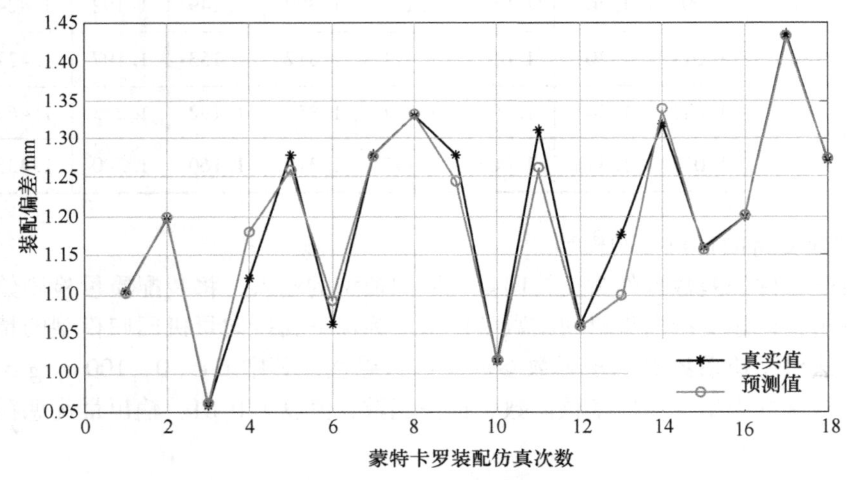

图 6-9　支持向量机回归模型预测数据与理论数据对比

6.2　装配公差优化设计

随着结构件装配质量要求的提升，相应的生产制造成本也在增加。为了解决二者之间的矛盾，对各零件装配公差进行优化，使产品的装配质量满足要求，同时制造成本达到最低。为此，以构建装配质量综合反演模型为基础，提出一种基于粒子群优化算法的飞机结构件装配公差优化设计方法。首先在给定目标装配质量的前提下，初步确定装配公差。然后利用熵权法、马氏距离（Mahalanobis distance）量化装配质量检测值与目标值的“差”，判断质量偏差是否在允许的波动范围之内。最后利用粒子群优化方法，在装配质量满足要

求的前提下，求解出最优的装配公差值，使得装配制造成本最小，完成装配公差优化设计。图6-10所示为装配公差优化设计流程图。

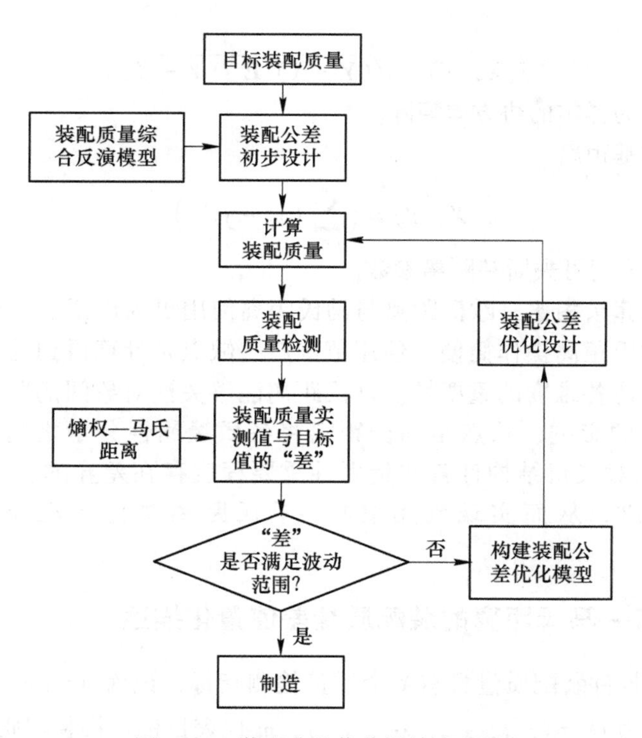

图6-10　装配公差优化设计流程图

6.2.1　装配质量差异性描述方法

为衡量飞机结构件装配质量实测值与目标值之间的差异程度，选用样本差异性量化的算法进行度量。假定两个待计算距离的对象为 X 与 Y，其中 $X=(x_1, x_2, \cdots, x_m)$，$Y=(y_1, y_2, \cdots, y_m)$，用函数 $d(X, Y)$ 来表示对象 X 与 Y 之间的距离。$d(X, Y)$ 的值越小，说明对象 X 与 Y 越相似，反之，则越不相似。

距离函数 $d(X, Y)$ 通常满足以下条件。

（1）对称性：$d(X, Y)=d(Y, X)$。

（2）非负性：$d(X, Y) \geqslant 0$。

（3）三角不等式：$d(X, Y)+d(Y, Z) \geqslant d(X, Z)$。

目前常用的样本差异性算法有欧氏距离、曼哈顿距离、切比雪夫距离、马氏距离、闵可夫斯基距离等。下面介绍这几种算法的计算公式。

（1）欧氏距离

$$d(X, Y)=\sqrt{(x_1-y_1)^2+(x_2-y_2)^2+\cdots+(x_m-y_m)^2} \tag{6-22}$$

（2）曼哈顿距离

$$d(X, Y)=|x_1-y_1|+|x_2-y_2|+\cdots+|x_m-y_m| \tag{6-23}$$

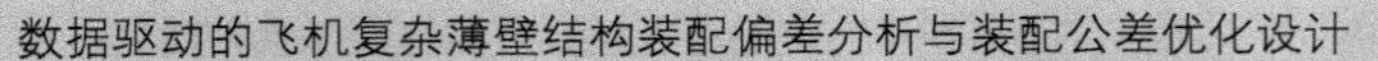

（3）切比雪夫距离

$$d(X,\ Y)=\max(|x_1-y_1|,\ |x_2-y_2|,\ \cdots,\ |x_m-y_m|) \tag{6-24}$$

（4）马氏距离

$$d(X,\ Y)=\sqrt{(Y-X)^{\mathrm{T}}\boldsymbol{E}^{-1}(Y-X)} \tag{6-25}$$

式（6-25）中，$\boldsymbol{E}$ 为样本的协方差矩阵。

（5）闵可夫斯基距离

$$d(X,\ Y)=\left(\sum_{i=1}^{m}(x_i-y_i)^p\right)^{\frac{1}{p}} \tag{6-26}$$

式（6-26）中，p 为闵可夫斯基距离参数。

与其他的距离算法相比，欧氏距离与马氏距离使用更为广泛。它们均能很好地处理高维数据样本。欧氏距离操作简便、使用范围广，缺点是计算得到的数值会受到量纲的影响，并且均等看待各维度的重要性。马氏距离能够关注对象间的联系，不受量纲、测量尺度与变量关联的影响，缺点是马氏距离将各质量属性分量之间的差别同等看待。基于上述分析，针对飞机结构件各质量属性重要程度存在差异的特点，利用熵权法对马氏距离进行改进，从而实现利用熵权—马氏距离量化装配质量与目标质量的“差”值。

6.2.2 基于熵权—马氏距离的装配质量差值量化描述

假定某飞机结构件装配质量含有χ个质量检测指标，记为$A=(A_1,\ A_2,\ \cdots,\ A_\chi)$。将装配质量目标值记为$Q_{\mathrm{m}}=(x_{\mathrm{m}1},\ x_{\mathrm{m}2},\ \cdots,\ x_{\mathrm{m}\chi})$，$m$ 代表目标；将装配质量实测值记为$Q_{\mathrm{s}}=(x_{\mathrm{s}1},\ x_{\mathrm{s}2},\ \cdots,\ x_{\mathrm{s}\chi})$，其中，$s$ 代表实测，$x_{\mathrm{s}i}=(x_{\mathrm{s}i}^1,\ x_{\mathrm{s}i}^2,\ \cdots,\ x_{\mathrm{s}i}^n)$，$n$ 为检测数据的维度。依据式（6-27）计算各偏差分量装配质量与目标质量的马氏距离

$$\begin{gathered}d_i=\sqrt{(x_{\mathrm{s}i}-x_{\mathrm{m}i})^{\mathrm{T}}\boldsymbol{E}(x_{\mathrm{s}i}-x_{\mathrm{m}i})}\\ \boldsymbol{E}=\begin{bmatrix}E_{11} & E_{12} & \cdots & E_{1n}\\ E_{21} & E_{22} & \cdots & E_{2n}\\ \vdots & \vdots & \ddots & \vdots\\ E_{n1} & E_{n2} & \cdots & E_{nn}\end{bmatrix}\\ E_{ab}=\frac{\sum(x_{\mathrm{s}i}^a-\bar{x}_{\mathrm{s}}^a)(x_{\mathrm{s}i}^b-\bar{x}_{\mathrm{s}}^b)}{N-1}\end{gathered} \tag{6-27}$$

式中，$\boldsymbol{E}$ 为装配质量与目标质量间的协方差矩阵 a，$b\in\{1,\ 2,\ \cdots,\ n\}$；$\bar{x}_{\mathrm{s}}^a$，$\bar{x}_{\mathrm{s}}^b$ 分别为该维度整体样本的平均值；N 为样本数量。

依据式（6-27），计算得到各偏差分量装配质量与目标质量的马氏距离，构建得到马氏距离序列 D

$$D=\{d_1,\ d_2,\ \cdots,\ d_i,\ \cdots,\ d_\chi\} \tag{6-28}$$

依据前述方法，计算得到各偏差分量重要程度权重，构建重要度权重序列

$$\gamma=\{\gamma_1,\ \gamma_2,\ \cdots,\ \gamma_i,\ \cdots,\ \gamma_\chi\} \tag{6-29}$$

依据式（6-29）对式（6-28）获得的马氏距离进行加权，从而计算得到包含重要度权重的各偏差分量装配质量与目标质量的熵权—马氏距离序列

$$D' = \{d'_1,\ d'_2,\ \cdots,\ d'_i,\ \cdots,\ d'_\chi\} \tag{6-30}$$

式中，$d'_i=\gamma_i \cdot d_i$。

依据式（6-31），计算结构件装配质量与目标质量综合差值

$$d_z = \sum_{i=1}^{\chi} d'_i \tag{6-31}$$

6.2.3　装配公差优化模型构建

以飞机结构件的装配偏差为研究对象，分析各零件在装配过程中的制造成本及质量损失成本。对各零件的装配公差进行优化设计，实现产品的制造成本及质量损失成本最小化，从而实现装配公差的优化设计。基于上述分析，优化公差之前需构建公差优化模型。图 6-11 所示为公差优化分配模型，主要从加工成本、综合质量和约束条件三个方面构建公差的优化模型。

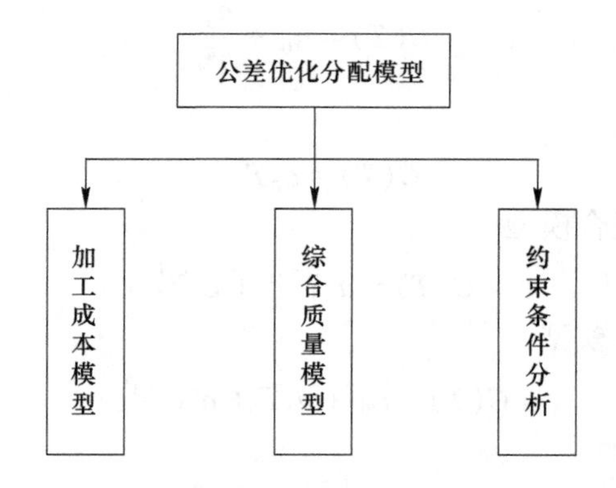

图 6-11　公差优化分配模型

6.2.3.1　*加工成本模型*

加工成本指的是为满足产品装配质量的要求，在加工制造时所投入的成本。加工成本不包含零件材料成本，只包含为提升零件装配质量所需的成本。这部分成本在产品制造总成本中占很大的比重，对产品装配的总成本有直接影响。通常来讲，产品的装配质量要求越高，各零件的公差控制就越严格，即公差设定得也就越小，所产生的加工成本也就越高。其主要原因是加工的精确度越高，所需的人力、物力等资源就越多。基于上述分析，加工成本与公差之间呈现递减的趋势，装配公差设计得越大，对应的加工成本也就越低。图 6-12 所示为加工成本—公差曲线示意图。

由于各装配零件的几何特征、几何尺寸存在一定的差异，不同零件的加工成本与公差之间的数学模型也存在差异。国内外学者经过多年的研究，归纳出众多不同的加工成本模型，当前使用较多的是以下几个模型。

（1）指数关系模型

$$C(T) = a_0 e^{a_1 T} \tag{6-32}$$

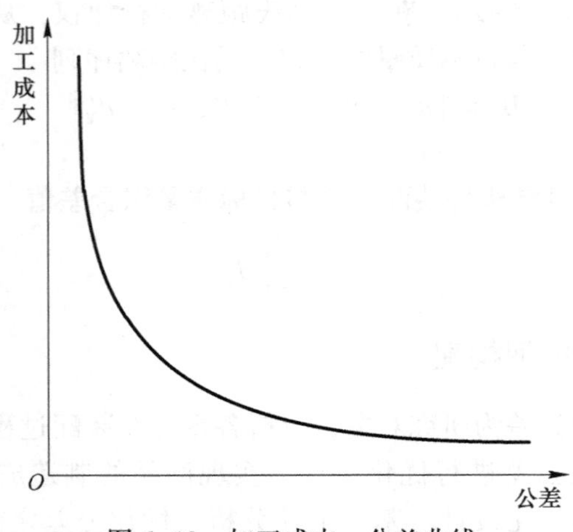

图 6-12　加工成本—公差曲线

（2）倒数平方模型

$$C(T) = a_0 + \frac{a_1}{T^2} \tag{6-33}$$

（3）倒数幂模型

$$C(T) = a_0 T^{-a_1} \tag{6-34}$$

（4）倒数幂与指数复合模型

$$C(T) = a_0 T^{-a_1} + e^{-a_2 T} \tag{6-35}$$

（5）线性与指数复合模型

$$C(T) = a_0 + a_1 T + a_2 e^{-a_3 T} \tag{6-36}$$

（6）三次多项式模型

$$C(T) = a_0 + a_1 T + a_2 T^2 + a_3 T^3 \tag{6-37}$$

定义 $C_m(T_i)$ 为第 i 个装配特征的加工成本，则整个装配过程中结构件装配特征的加工成本—公差数学模型表达式为

$$C_m(T) = \sum_{i=1}^{n} C_m(T_i) \tag{6-38}$$

式中，$C_m(T)$ 为产品总加工成本。

不难发现，随着公差的减小，加工成本在不断增加。站在设计者的角度，为提高产品的品质，需要制定更严格的公差。但是，根据对成本公差模型的分析可以得知，更严格的公差将会造成制造企业在制造过程中，必须投入更多的加工设备，投入更多的加工费用。这明显与生产厂商期望的降低生产制造成本相悖，生产厂商希望更加宽松的公差要求，以在保证产品合格率的情况下最大化降低加工成本。因此，对装配零件进行公差优化设计时，在提高产品质量与降低加工成本之间寻求一个最佳的平衡成为关注的重点。

6.2.3.2　综合质量模型

综合质量成本可以细分为质量损失成本与质量保证成本，质量损失成本指的是产品质量没有达到预期而造成的损失，质量保证成本指的是为了使产品达到合格的生产质量而产

生的费用。

(1) 质量损失成本

传统质量观认为，当产品的装配质量位于规定的区间范围内时，表明产品的装配质量是合格的，此时定义质量损失成本为零。传统质量观仅仅保证产品偏差位于上、下两个极限内即可，因此，这种质量观也被命名为二值型质量评价体系，如图 6-13 所示。然而，即使产品的质量处于规定的范围，与质量目标值相比也会存在一定的差异，且装配质量检测值与目标值差异越大，产品的性能受到的影响就会越大。只有在产品的装配质量落在目标值范围内时，才被认为装配性能最好，即没有质量损失，否则均会出现质量损失。因此，回顾传统的质量观，不难发现其中存在不能连续度量质量损失的缺陷。

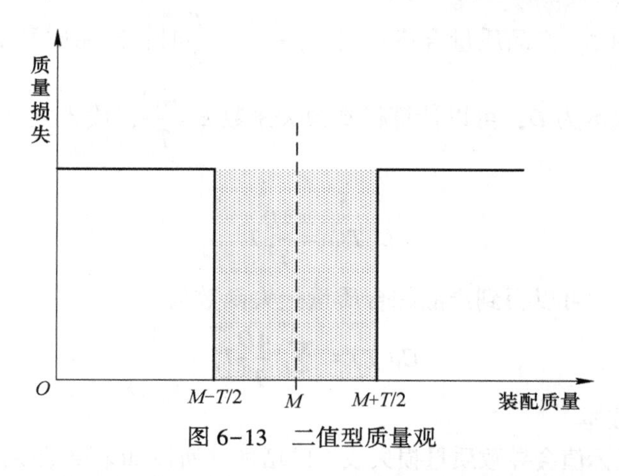

图 6-13　二值型质量观

20 世纪中后期，日本的田口玄一博士首次阐述了田口质量理论，认为产品即使满足合格的检测范围要求，只要没有达到目标质量，依旧会产生质量损失成本。此外，田口博士还建立了田口平方型质量损失函数模型，如图 6-14 所示，很好地克服了传统质量观不能连续度量质量损失的缺陷。

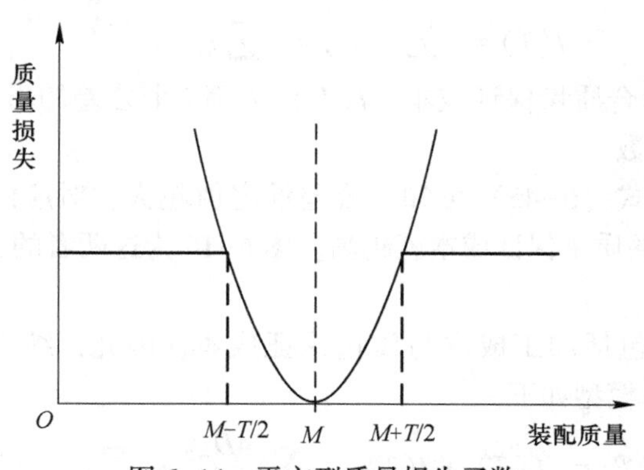

图 6-14　平方型质量损失函数

质量损失函数是指对装配质量的偏差与所造成的质量损失之间的相关性进行量化的函数。当前，田口平方型质量损失函数比较受大家认可，其具体描述的内容为装配质量波动造成的成本损失与装配质量偏差的平方成正比。若用 $L(y)$ 表示质量损失，则平方型质量

损失函数为

$$L(y)=k(y-m)^2 \tag{6-39}$$

式（6-39）中，y 为结构件的装配质量；m 为装配质量的目标值；k 为模型参量，称为质量损失系数。

由式（6-39）可知，当产品的装配质量达到目标值时，质量损失可以看作为零，其质量损失随着产品的装配质量距离目标值的差距增大而增大。$y-m$ 表示装配质量距离目标值的偏差，若产品质量规定公差为双边分布，则产品在极限位置时的偏差状态为

$$y-m=\frac{T}{2} \tag{6-40}$$

当 $|y-m| \leqslant \frac{T}{2}$ 时，产品质量合格；当 $|y-m| > \frac{T}{2}$ 时，产品质量不合格。设定产品不合格时的质量损失成本为 D，可以计算得到损失系数 $k=\frac{4D}{T^2}$，代入式（6-40）可以得到质量损失函数计算式

$$L(T_i)=\frac{4D}{T^2}T_i^2 \tag{6-41}$$

利用式（6-41），可以得到产品综合质量损失函数为

$$C_1(T)=\sum\frac{4D}{T^2}T_i^2 \tag{6-42}$$

（2）质量保证成本

装配质量偏离目标值会导致质量损失成本的增加，所以如果要减少质量损失成本，就需要更加先进的加工手段来提高装配精度。质量保证成本是指为了保证产品的质量与性能而增加的投入。当前的研究中，质量保证成本数学模型主要有指数函数和幂函数这两类函数表示方法。采用指数函数来表示这两者之间的关系，计算式如下

$$I(T_i)=c_i\cdot e^{-k_i\cdot T_i} \tag{6-43}$$

$$I(T)=\sum I(T_i)=\sum c_i\cdot e^{-k_i\cdot T_i} \tag{6-44}$$

式中，$I(T)$ 表示产品综合质量保证成本；$I(T_i)$ 为第 i 个公差的质量保证成本；c_i 与 k_i 为与 T_i 无关的模型相关系数。

综合式（6-44）与式（6-45）可知，公差设定值越大，对应的质量保证成本就越低；公差设定值越小，对应的质量保证成本就越高。图 6-15 为这两者的关系图。

（3）综合质量成本

综合质量成本主要包括加工成本与质量保证成本，因此，综合式（6-42）与式（6-44），构建综合质量成本模型如下

$$Q(T)=L(T)+I(T)=\sum\frac{4D}{T^2}T_i^2+\sum c_i\cdot e^{-kT_i} \tag{6-45}$$

式（6-45）中，$Q(T)$ 为产品综合质量成本。

6.2.3.3 约束条件分析

当前，公差优化主要受到两个方面的约束，一个是加工能力带来的约束，另一个是装配

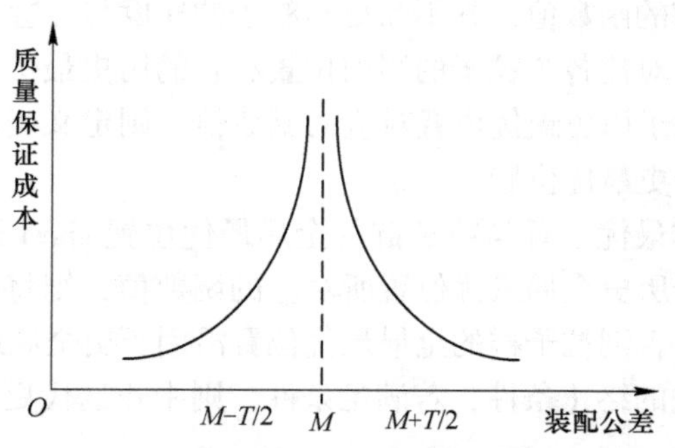

图 6-15　质量保证成本与装配公差关系图

功能性要求带来的约束。

（1）加工能力约束

受限于当前的加工能力，优化后的公差不能超出现有机床等加工设备实际加工能力范围，所以存在相应的公差设定范围。加工能力约束表达式如下

$$T_i(\min) \leqslant T_i \leqslant T_i(\max) \tag{6-46}$$

式（6-46）中，$T_i(\min)$ 为第 i 个装配特征的经济加工公差最小值，$T_i(\max)$ 为第 i 个特征的经济加工公差最大值。

（2）装配功能性约束

为了使产品满足设计功能的实现，产品最终的装配质量应该小于偏差极限值。因此，利用式（6-31），构建装配质量偏差的约束条件如下

$$\sum_{i=1}^{\chi} d_i' \leqslant M_0 \tag{6-47}$$

式（6-47）中，M_0 为装配质量偏差的极限值。

6.2.4　装配公差优化设计

质量要求和经济性是产品设计制造过程中必须要考虑的两个问题，基于 6.2.1 节和 6.2.2 节的分析可以得出，公差设计得越严格，产品的装配质量越好，同时产品的成本也在增加。本节对装配公差进行优化设计，在装配质量满足要求的前提下最大化降低制造成本，并得到装配公差最优解。

6.2.4.1　*粒子群优化算法*

粒子群优化算法是一种典型的群体智能优化算法，其思想来源于对生物群体社会性行为的研究。其思想是通过群体中个体之间的信息传递，带领群体向问题最优解方向移动。由于粒子群优化算法相比其他优化算法具有操作简单、收敛速度快等优点，在函数优化等众多领域都得到了广泛的应用，因此本节选用粒子群优化算法寻求飞机结构件装配公差最优解。

粒子群优化算法步骤如下。

①随机初始化所有粒子的位置与速度，计算各个粒子当前位置的函数值，并定义各粒子的当前位置为个体最优位置，记为 pbest，据此计算当前粒子群的整体最优位置，将其定义为全局最优位置，记为 gbest。

②计算各个粒子当前的函数值，并不断更新粒子的速度与位置。

③每次迭代更新后，对比各个粒子的当前位置和它的历史最优位置所对应的函数值，若当前位置对应的函数值优于历史最优位置对应的函数值，则定义当前位置为该粒子的个体最优位置，否则沿用它的历史最优位置。

④将每个粒子的个体最优位置与粒子群的全局最优位置 gbest 进行比较，若存在粒子个体位置对应的函数值优于历史全局最优位置所对应的函数值，则将全局最优位置更新成该粒子的当前个体最优位置，否则粒子群的全局最优位置沿用历史全局最优位置。

⑤判定是否满足算法的终止条件，若满足条件，则中止迭代更新，否则返回第②步，继续进行寻优流程。

图 6-16 所示为粒子群优化算法的基本流程。

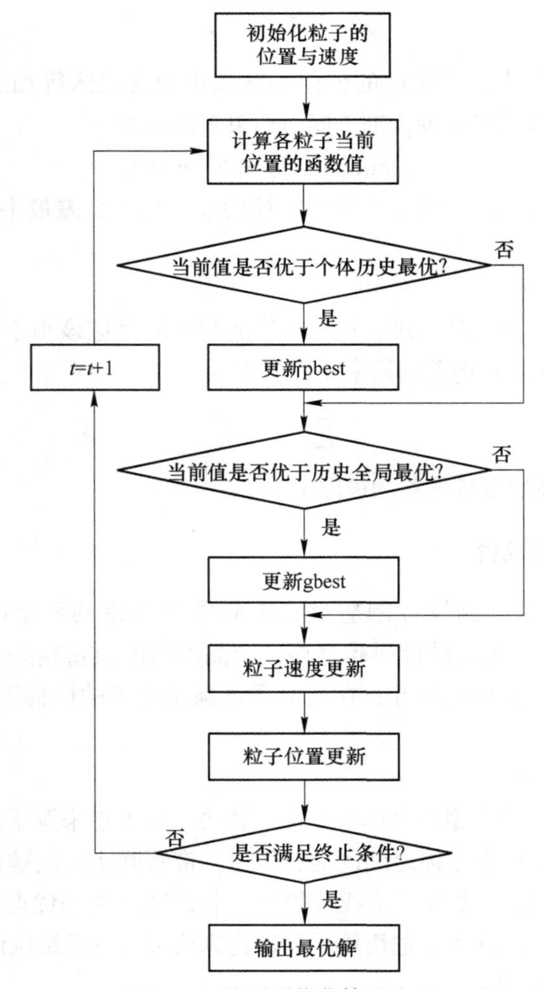

图 6-16　粒子群优化算法流程

假设粒子群中每个粒子都以一定的速度在 r 维空间内飞行，将粒子记为

$$G = \{G_1, G_2, \cdots, G_N\} \tag{6-48}$$

式中，N 为粒子的总数。

将粒子 G_i 当前各维度的位置与速度分别记为

$$\begin{cases} f(\boldsymbol{X}_i) = (x_i^1, x_i^2, \cdots, x_i^r) \\ \boldsymbol{V}_i = (v_i^1, v_i^2, \cdots, v_i^r) \end{cases} \tag{6-49}$$

将粒子 G_i 所经历的个体最优位置记为

$$\text{pbest}_i = (\text{pbest}_i^1, \text{pbest}_i^2, \cdots, \text{pbest}_i^r) \tag{6-50}$$

设 $f(\boldsymbol{X}_i)$ 为待优化的目标函数，粒子个体最优位置更新方程为

$$\text{pbest}_i(t+1) = \begin{cases} \text{pbest}_i(t),\ 若 f(\boldsymbol{X}_i(t+1)) \geqslant f(\text{pbest}_i(t)) \\ \boldsymbol{X}_i(t+1),\ 若 f(\boldsymbol{X}_i(t+1)) \geqslant f(\text{pbest}_i(t)) \end{cases} \tag{6-51}$$

将粒子群所有粒子经历的最优位置称为全局最优位置，记为

$$\text{gbest}(t) = \min\{\text{gbest}_1(t), \text{gbest}_2(t), \cdots, \text{gbest}_N(t)\} \tag{6-52}$$

粒子的速度与位置更新方程为

$$v_i^k(t+1) = v_i^k(t) + c_1 r_1(\text{pbest}_i^k(t) - x_i^k(t)) + c_2 r_2(\text{pbest}_i^k(t) - x_i^k(t)) \tag{6-53}$$

$$x_i^k(t+1) = x_i^k(t) + v_i^k(t+1) \tag{6-54}$$

式中，i 表示第 i 个粒子 G_i，k 表示第 k 维；$v_i^k(t)$ 表示粒子 G_i 迭代到第 t 代时第 k 维的速度分量；$x_i^k(t)$ 表示粒子 G_i 迭代到第 t 代时第 k 维的位置分量；$\text{pbest}_i^k(t)$ 表示粒子 G_i 迭代到第 t 代时第 k 维的个体最优位置分量；$\text{gbest}_i^k(t)$ 表示粒子 G_i 进化到第 t 代时第 k 维的全局最优位置分量；c_1 与 c_2 为加速因子，r_1 与 r_2 为 [0, 1] 上的随机数。

在粒子群优化算法中，粒子每一次进化均会产生粒子局部最优解 pbest_i 和粒子群全局最优解 gbest_i。群体的局部最优解 pbest_i 对应于粒子的个体最优位置，全局最优解 gbest_i 经对比各个局部最优解后确定。

6.2.4.2　装配公差最优值求解

将某飞机结构件装配零件的装配特征记为 $\{F_1, F_2, \cdots, F_s\}$，$s$ 为装配特征的数量，各装配特征对应的公差记为 $\{T_1, T_2, \cdots, T_s\}$，依据加工成本模型与综合质量模型，得到该飞机结构件的总成本 $C(T)$，即为待优化对象。依据加工能力约束与装配功能性约束，获得待优化对象的约束条件。结合式（6-39）和式（6-46）构建待优化方程如下

$$\begin{aligned} &\min C(T) = C_m(T) + Q(T) = \sum_{i=1}^{s} C_m(T_i) + \sum_{i=1}^{s} \frac{4D}{T^2} T_i^2 + \sum_{i=1}^{s} c_i \cdot e^{-kT_i} \\ &s.t. \begin{cases} T_i(\min) \leqslant T_i \leqslant T_i(\max) \\ d_z \leqslant M_0 \end{cases} \end{aligned} \tag{6-55}$$

依据粒子群优化算法对优化问题（6-55）进行求解，定义待优化的各装配特征公差的值为粒子的位置，公差的变化率为粒子的速度。种群中各粒子的位置与速度定义如下

$$\boldsymbol{T}(k) = \begin{bmatrix} T_1^1(k) & T_2^1(k) & \cdots & T_s^1(k) \\ T_1^2(k) & T_2^2(k) & \cdots & T_s^2(k) \\ \vdots & \vdots & \ddots & \vdots \\ T_1^N(k) & T_2^N(k) & \cdots & T_s^N(k) \end{bmatrix} \tag{6-56}$$

$$V_T(k)=\begin{bmatrix} V_{T_1}^1(k) & V_{T_2}^1(k) & \cdots & V_{T_x}^1(k) \\ V_{T_1}^2(k) & V_{T_2}^2(k) & \cdots & V_{T_x}^2(k) \\ \vdots & \vdots & \ddots & \vdots \\ V_{T_1}^N(k) & V_{T_2}^N(k) & \cdots & V_{T_x}^N(k) \end{bmatrix} \tag{6-57}$$

式中，N 为种群的粒子数量；$\boldsymbol{T}(k)$ 为第 k 代各粒子的位置；$\boldsymbol{V}_T(k)$ 为第 k 代各粒子的速度。

对各粒子的位置进行随机初始化处理。初始化公式如下

$$T_i(0)= T^{\min}+\lambda\cdot(T^{\max}-T^{\min}) \tag{6-58}$$

式（6-58）中，$T^{\max}$ 与 $T^{\min}$ 分别为特征公差的最大值与最小值，λ 是［0，1］上的随机值。

计算待优化方程的初始函数值。确定粒子群的各粒子的初始最优局部位置与初始全局最优位置

$$\text{pbest}T^j=\{T^1(0),\ T^2(0),\ \cdots,\ T^N(0)\} \tag{6-59}$$

$$\text{gbest}\boldsymbol{T}=\{C_{T^1}(0),\ C_{T^2}(0),\ \cdots,\ C_{T^N}(0)\} \tag{6-60}$$

依据式（6-53）与式（6-54），对粒子的速度与位置进行更新，不断地调整粒子的位置，最终获得全局最优位置，即飞机结构件总成本 $C(T)$ 取得最小值时各装配单元特征公差的大小。最后，计算获得公差修正量

$$\Delta T_i=|\ \text{gbest}T_i-\text{orginal}T_i\ | \tag{6-61}$$

式（6-61）中，ΔT_i 为装配特征 F_i 的公差修正量，$\text{gbest}T_i$ 为装配特征 F_i 优化后的公差值，$\text{orginal}T_i$ 为装配特征 F_i 初始的公差值。

6.2.5 案例分析

以 6.1 节所构建的壁板结构为装配对象，验证本节提出的装配公差优化设计方法，模型构建数据此处不再赘述。为使综合成本最小，对装配公差进行优化设计。该飞机壁板件的装配单元包括蒙皮、桁条、钣金隔框、角片及桁条接头，各装配单元的位置度公差符号定义见表 6-5。

表 6-5　各装配零件公差符号定义

装配零件	蒙皮	桁条	钣金隔框	角片	桁条接头
公差符号定义	T_1	T_2	T_3	T_4	T_5

（1）加工成本计算

依据式（6-38），确定各装配零件定位孔位置度的加工成本—公差数学模型为

$$C_m(T)=2.784e^{-36.61T}+1.125e^{\frac{0.0075}{T}}$$

在各装配零件上设定 6 个定位孔，依据加工成本—公差数学模型计算该飞机壁板的加工成本 C_m

$$C_m=\sum_{i=1}^{5}6\times 2.784e^{-36.61T}+1.125e^{\frac{0.0075}{T_i}}$$

（2）质量损失成本计算

依据式（6-40）和式（6-42），定义各装配零件特征的质量损失函数

$$C_1(T_i) = kT_i^2$$

式中，k 为损失系数。

依据式（6-40）和式（6-41）可知，k 为不同公差对产品质量损失成本的影响，因此可以看作定值求解，取值为 40，再利用公式（6-42）求解该壁板件质量损失成本

$$C_1 = \sum_{i=1}^{5} 40T_i^2$$

（3）质量保证成本计算

依据式（6-43）和式（6-44），计算壁板件各装配特征的质量保证成本，式中质量保证成本模型参数设置见表 6-6。

表 6-6　质量保证模型参数

装配零件	c	k
蒙皮	1.5	6
桁条	3	10
钣金隔框	2.5	8
角片	4.5	12
桁条接头	4.5	12

将模型参数代入式（6-44），计算得到壁板件的质量保证成本

$$C_h = 1.5e^{-6T_1} + 3e^{-10T_2} + 2.5e^{-8T_3} + 4.5e^{-12T_4} + 4.5e^{-12T_5}$$

综合以上各式，可以得到该壁板的综合制造成本

$$\begin{aligned} C_{all} = {} & 2.784e^{-36.61T_1} + 1.125e^{\frac{0.0075}{T_1}} + 2.784e^{-36.61T_2} + 1.125e^{\frac{0.0075}{T_2}} + 2.784e^{-36.61T_3} + \\ & 1.125e^{\frac{0.0075}{T_3}} + 2.784e^{-36.61T_4} + 1.125e^{\frac{0.0075}{T_4}} + 2.784e^{-36.61T_5} + 1.125e^{\frac{0.0075}{T_5}} + \\ & 40T_1^2 + 40T_2^2 + 40T_3^2 + 40T_4^2 + 40T_5^2 + 1.5e^{-6T_1} + 3e^{-10T_2} + 2.5e^{-8T_3} + \\ & 4.5e^{-12T_4} + 4.5e^{-12T_5} \end{aligned}$$

依据式（6-46）和式（6-47），设定约束函数如下

$$s.t.\begin{cases} 0.01 \leqslant T_1, T_2, T_3, T_4, T_5 \leqslant 0.5 \\ f(T_1, T_2, T_3, T_4, T_5) \leqslant 1.0 \end{cases}$$

根据以上提供的模型数据信息，利用粒子群优化算法求解综合制造成本 C_{all} 的最小值。式中粒子种群数量设置为 100，维度为 5，最大迭代次数设置为 200，学习因子 c_1 与 c_2 均设置为 1.5，粒子位置最大值与最小值设置为 0.5 与 0.1，速度的最大值与最小值设置为 1 与-1，运算结果如图 6-17 所示。

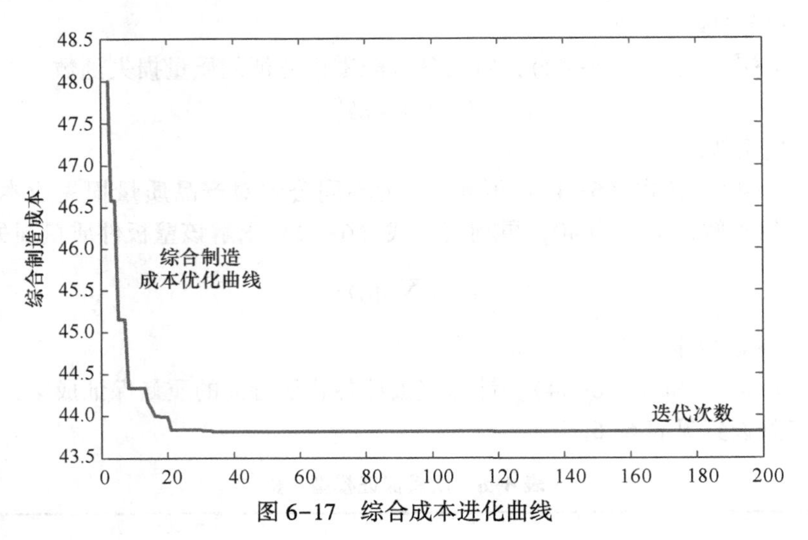

图 6-17　综合成本进化曲线

分析图 6-17 可以得出，随着迭代次数的增加，综合制造成本逐渐趋近最小值，当迭代至 33 次时，综合制造成本达到最小值 43.81。为了验证公差优化效果，将公差优化前后的综合制造成本进行对比，对比结果见表 6-7。

表 6-7　公差优化前后对比

数据组别	优化前	优化后
T_1	0.100	0.136
T_2	0.200	0.149
T_3	0.250	0.146
T_4	0.300	0.156
T_5	0.300	0.156
综合制造成本 C_{all}	49.04	43.81

依据表 6-7 可知，优化前的综合制造成本为 49.04，优化后的综合制造成本为 43.81，综合制造成本缩减了 10.66%。分析表 6-7 中的数据，优化后公差整体控制更加严格，综合制造成本较优化前更低，其主要原因是随着公差控制更为严格，其产品的质量损失成本更小，从而使综合成本降低。由此可见，基于粒子群优化算法对装配公差进行优化之后，有效缩减了产品原本的综合加工成本，验证了该方法的有效性与可行性。

6.3　本章小结

飞机结构件装配质量受到众多偏差源的影响，难以通过尺寸公差链等传统方法直接构建装配偏差与装配质量之间的映射数学模型。本章提出一种基于支持向量机回归技术的装

配质量综合反演模型构建方法。首先分析影响装配质量的主要影响因素及设计装配质量反演过程。然后基于支持向量机回归技术，构建装配偏差与装配质量之间的映射数学关系模型。最后基于交叉验证求解反演模型的最优参数，完成装配质量综合反演模型构建。构建装配质量综合反演模型，不仅可以为飞机结构件装配偏差积累机理奠定基础，还可以对其装配偏差进行预测。

现代加工技术手段的约束，导致飞机结构件装配质量与目标装配质量之间存在偏差。提高加工精度会使装配质量更加接近目标值，但是会造成装配成本的上升。本章提出一种基于粒子群优化算法的飞机结构件装配公差优化设计方法，在保证装配质量满足要求的前提下，最大限度地降低产品的综合成本。首先基于熵权法与马氏距离量化装配质量检测值与目标值之间的差。然后以产品制造成本为目标，构建公差优化分配模型并给定相应的约束条件。最后利用粒子群优化算法来求解公差优化模型的装配公差最优解。

参考文献

[1] JAMSHIDI J，KAYANI A，IRAVANIL P，et al. Manufacturing and assembly automation by integrated metrology systems for aircraft wing fabrication [J]//Proceedings of the Institution of Mechanical Engineers，Part B：Journal of Engineering Manufacture，2009，224 (1)：25-36.

[2] MAROPOULOS P G，MUELANER J E，SUMMERS M D，et al. A new paradigm in large scale assembly-research priorities in measurement assisted assembly [J]. The International Journal of Advanced Manufacturing Technology，2014，70 (1)：621-633.

[3] CHEN Z H，DU F Z，TANG X Q，et al. A framework of measurement assisted assembly for wing-fuselage alignment based on key measurement characteristics [J]. International Journal of Manufacturing Research，2015，10 (2)：107-128.

[4] 刘胜兰，罗志光，谭高山，等. 飞机复杂装配部件三维数字化综合测量与评估方法 [J]. 航空学报，2013，34 (2)：409-418.

[5] 林雪竹. 基于全三维模型的飞机大部件装配对接测量方法及实验 [D]. 长春：长春理工大学，2016.

[6] JAMSHIDI J，KAYANI A，IRAVANIP，et al. Manufacturing and assembly automation by integrated metrology systems for aircraft wing fabrication [J]//Proceedings of the Institution of Mechanical Engineers，Part B：Journal of Engineering Manufacture，2010，224 (1)：25-36.

[7] MEI Z Y，MAROPOULOS P G. Review of the application of flexible，measurement assisted assembly technology in aircraft manufacturing [J]//Proceedings of the Institution of Mechanical Engineers，Part B：Journal of Engineering Manufacture，2014，228 (10)：1185-1197.

[8] GAO W，KIMS W，BOSSE H，et al. Measurement technologies for precision positioning [J]. CIRP Annals-Manufacturing Technology，2015，64 (2)：773-796.

[9] 杜福洲，文科. 大尺寸精密测量技术及其应用 [J]. 航空制造技术，2016，(11)：16-24.

[10] 黄桂平，吕传景，王伟峰. 工业摄影测量技术发展及其在航空制造中的应用 [J]. 航空精密制造技术，2017，(2)：5-8.

[11] 冯子明. 飞机数字化装配技术 [M]. 北京：航空工业出版社，2015.

[12] CHASE K W，MAGLEBY S P，GAO J. Tolerance analysis of 2-D and 3-D mechanical assemblies with small kinematic adjustments [C]. Advanced Tolerancing Techniques. New York：John Wiley & Sons，1997：103-137.

[13] 朱永国，张文博，刘春锋，等. 基于 SDT 和间接平差的中机身自动调姿精度分析 [J]. 航空学报，2017，12 (38)：296-309.

[14] 刘伟东，宁汝新，刘检华，等. 基于偏差有向图和 DH 方法的产品装配精度预测技术 [J]. 机械工程学报，2012，48 (7)：125-140.

[15] 唐文斌. 飞机非线性装配偏差分析与容差协同分配方法研究 [D]. 西安：西北工业大学，2015.

[16] 安志勇，曹秒，段洁. 数字化测量技术在飞机装配中的应用 [J]. 航空制造技术，2013，(18)：

48-51.

[17] 张开富. 飞机装配过程数字化测量技术 [J]. 航空制造技术，2016，(10)：34-40.

[18] 赵建国，郭洪杰. 飞机装配质量数字化检测技术研究及应用 [J]. 航空制造技术，2016，(20)：24-27.

[19] 孟飙，周飞，王旭东，等. 面向飞机装配质量数据深度分析方法研究 [J]. 科学技术与工程，2015，15 (34)：235-241.

[20] MUELANER J E，KAYANI A，MARTIN O，et al. Measurement assisted assembly and the roadmap to part-to-part assembly [C]//7th International Conference on Digital Enterprise Technology. Bath：University of Bath，2011：11-19.

[21] 杨玲，喻杨康. Baarda 数据探测法中的粗差误判分析 [J]. 同济大学学报（自然科学版），2018，46 (10)：1440-1447.

[22] 蒋晨，张书毕，张秋昭. 自适应临界值的等价权函数及抗差估计方法 [J]. 中国矿业大学学报，2017，46 (04)：911-916.

[23] Kyu Yoon，Hyun Wook Jung，Myung-Suk Chun. Determination of velocity profiles of Bird-Carreau fluids in curvilinear microchannels using random sample consensus [J]. Korea-Australia Rheology Journal，2020，32 (2)：159-164.

[24] WANG C H，SUN X L，GUO T T，et al. Investigations on cooling effects of prepared pavement coatings using the Grubbs method and linear regression analysis [J]. Road Materials and Pavement Design，2019，20 (1)：171-186.

[25] BRETAS A S，BRETAS N G，BRAUNSTEIN S H，et al. Multiple gross errors detection，identification and correction in three-phase distribution systems WLS state estimation：A per-phase measurement error approach [J]. Electric Power Systems Research. 2017 (151)：174-185.

[26] 李泷杲，黄翔，方伟，等. 飞机装配中的数字化测量系统 [J]. 航空制造技术，2010，(23)：46-48.

[27] 刘胜兰，罗志光，谭高山，等. 飞机复杂装配部件三维数字化综合测量与评估方法 [J]. 航空学报，2013，34 (2)：409-418.

[28] MAROPOULOS P G，ZHANG D，CHAPMAN P，et al. Key digital enterprise technology methods for large volume metrology and assembly integration [J]. International Journal of Production Research，2007，45 (7)：1539-1559.

[29] NIROSH J，PHIL W. Metrology-assisted robotic processing of aerospace applications [J]. International Journal of Computer Integrated Manufacturing，2010，(23)：283-296.

[30] WANG H，DING X. identifying sources of variation in horizontal stabilizer assembly induced by rib using finite-element analysis and full factorial design method [J]. Journal of Aerospace Engineering，2014，27 (4)：158-164.

[31] CHENG H，WANG R X，LI Y. Modeling and analyzing of variation propagation in aeronautical thin-walled structures automated riveting [J]. Assembly Automation，2012，(32)：25-37.

[32] LIU G，HUAN H L，KE Y L. Study on analysis and prediction of riveting assembly variation of aircraft fuselage panel [J]. The International Journal of Aduanced Manufacturing Technology，2014 (75)：991-1003.

[33] SAUNDERS P，CAI B，ORCHARD N，et al. Towards a definition of plm-integrated dimensional measurement [J]. Procedia CIRP，2013，(7)：670-675.

[34] 陈哲涵，杜福洲，唐晓青. 基于关键测量特性的飞机装配检测数据建模研究 [J]. 航空学报，2012，33 (11)：2143-2152.

[35] 罗振伟，梅中义. 基于测量数据的飞机数字化预装配技术 [J]. 航空制造技术，2013，(20)：

99-102.

[36] 胡敏，来新民. 主成分分析方法在轿车装配尺寸偏差中的应用研究 [J]. 中国机械工程，2002，6（3）：461-463.

[37] HU S，WU S W. Identifying root cause of variation in automobile body assembly using principal component analysis [J]. Trans of NAMRI，1992，20（3）：311-316.

[38] CARLSON J S. Assembly root cause analysis：A way to reduce dimensional variation in assembled products [J]. The International Journal of Flexible Manufacturing Systems，2003（15）：113-150.

[39] LIU S C，HU S J. Assembly fixture diagnosis using designated component analysis [J]. Journal of Manufacturing Science and Engineering，2005，12（7）：358-368.

[40] 林忠钦，连军，倪军，等. 基于小样本的车身装配尺寸质量动态高精度评价方法 [J]. 机械工程学报，2001，37（11）：62-65.

[41] 李金艳，余忠华，徐宣国. 信息不完备情况下多因素工序质量诊断方法 [J]. 哈尔滨工业大学学报，2016，48（7）：88-93.

[42] 刘银华，金隼. 基于小数据集贝叶斯网络建模的偏差源诊断方法 [J]. 上海交通大学学报，2012，46（05）：701-705.

[43] 刘红铺，金隼，刘银华. 基于贝叶斯网络的车身制造偏差诊断 [J]. 机械工程学报，2009，36（03）：67-70.

[44] KAVITA M，GAURAV A，PRERNA M. Performance study of k-nearest neighbor classifier and k-means clustering for predicting the diagnostic accuracy [J]. International Journal of Information Technology，2019，11（3）：535-540.

[45] LINDSAY K C，OLAV M K，NADJA B C. Hierarchical cluster analysis of technical replicates to identify interferents in untargeted mass spectrometry metabolomics [J]. Analytica Chimica Acta，2018，1021（2）：69-77.

[46] 石叶楠，郑国磊. 三种用于加工特征识别的神经网络方法综述 [J]. 航空学报，2019，40（09）：182-198.

[47] WANG F C，WAN Y G，CAO H R，et al. Application of fuzzy clustering method to determining sub-fault planes of earthquake from aftershocks sequence [J]. Earthquake Science，2012，25（2）：187-196.

[48] 赵爽，谢石林，邓正平，等. 基于装配过程的关键特性识别与控制方法研究 [J]. 航空制造技术，2016，（8）：56-59.

[49] 孙辉鹏. 飞机壁板类柔性部件的装配偏差分析与预测 [D]. 南京：南京航空航天大学，2015.

[50] 朱怡心，乔立红. 装配过程快速仿真建模服务平台 [J]. 航空制造技术，2016，（12）：38-43.

[51] 周正龙，马本江，胡凤英. 基于熵值法与灰色关联决策的最佳响应方案 [J]. 统计与决策，2017，（08）：46-49.

[52] 付忠广，刘炳含，刘璐，等. 融合熵权 TOPSIS 法与灰色关联度法的火电机组综合评价方法 [J]. 华北电力大学学报（自然科学版），2018，45（06）：68-75，83.

[53] WANG M Y，LIU T，PELINESCU D M. Fixture kinematics analysis based on the full contact model of rigid bodies [J]. Journal of Manufacturing Science and Engineering，2003，（125）：316-324.

[54] CAI W. Robust pin layout design for sheet-panel locating [J]. International Journal of Advanced Manufacturing Technology，2006，（28）：486-494.

[55] XU X，YU H D，LI Y Y，et al. Compliant assembly deviation analysis of large-scale thin-walled structures in different clamping schemes via ANCF [J]. Assembly Automation，2019，40（2）：305-317.

[56] 曹俊. 基于确定性定位分析的车身三维偏差模型及求解方法研究 [D]. 上海：上海交通大

学，2008.
[57] 孙辉鹏，谭昌柏，安鲁陵，等. 基于并联装配模型的飞机壁板件装配偏差分析 [J]. 航空制造技术，2016 (11)：88-102.
[58] DAHLSTRÖM S，LINDKVIST L. Variation simulation of sheet metal assemblies using the method of influence coefficients with contact modeling [J]. Journal of Manufacturing Science and Engineering，2007，129 (3)：615-622.
[59] LIU X，AN L L，WANG Z G，et al. Assembly variation analysis of aircraft panels under part-to-part locating scheme [J]. International Journal of Aerospace Engineering，2019：1-15.
[60] LIN J，JIN S，ZHENG C，et al. Compliant assembly variation analysis of aeronautical panels using unified substructures with consideration of identical parts [J]. Computer-Aided Design，2014，57 (1)：29-40.
[61] ZENG W H，RAO Y Q. Modeling of assembly deviation with considering the actual working conditions [J]. International Journal of Precision Engineering and Manufacturing，2019，20 (5)：791-803.
[62] 张荣宁，王志国，谭昌柏. 飞机机身壁板件装配偏差分析建模 [J]. 机械制造与自动化，2017，46 (04)：72-77.
[63] 周琳，翟建军，黄翔，等. 一种筒段对接关键特征点的容差分配方法 [J]. 机械制造与自动化，2015，44 (03)：58-61.
[64] 刘伟东，宁汝新，刘检华，等. 机械装配偏差源及其偏差传递机理分析 [J]. 机械工程学报，2012，48 (01)：156-168.
[65] PAYAM S B，CARINA G，EMINA A，et al. Estimating conditional transfer entropy in time series using mutual information and nonlinear prediction [J]. Entropy，2020，22 (10)：1124-1135.
[66] 叶昌鹏，刘国华，何先龙，等. 基于传递熵和改进替代数据法的损伤识 [J]. 中南大学学报 (自然科学版)，2019，50 (12)：3023-3034.
[67] 金秀章，丁续达，赵立慧. 传递熵变量选择的非线性系统时序预测模型 [J]. 中国电机工程学报，2018，38 (S1)：192-200.
[68] 张媛. 再制造发动机装配质量控制方法及关键技术 [D]. 合肥：合肥工业大学，2017.
[69] LIU D Y，JIANG P Y. Fluctuation analysis of process flow based on error propagation network [J]. Journal of Mechanical Engineering，2010，46 (2)：14-21.
[70] 任晓龙，吕琳媛. 网络重要节点排序方法综述 [J]. 科学通报，2014，59 (13)：1175-1197.
[71] 高贵兵，荣涛，岳文辉. 基于复杂网络的制造系统脆弱性综合评估方法 [J]. 计算机集成制造系统，2018，24 (09)：160-168.
[72] JIANG P，JIA F，WANG Y，et al. Real-time quality monitoring and predicting model based on error propagation networks for multistage machining processes [J]. Journal of Intelligent Manufacturing，2014，25 (3)：521-538.
[73] SAADAT M，CRETIN L，SIM R，et al. Deformation analysis of large aerospace components during assembly [J]. The International Journal of Advanced Manufacturing Technology，2009，41 (1-2)：145-155.
[74] 靳思源，沈利冰，金隼，等. 飞机壁板件装配偏差的刚柔混合建模方法与应用 [J]. 机械设计与研究，2013，29 (03)：58-61.
[75] STEFANOVA M，YAKUNINS，PETUKHOVA M，et al. An interior-pointmethod-based solver for simulation of aircraftparts riveting [J]. Engineering Optimization，2018，50 (5)：781-796.
[76] 杜丽，梅标，朱伟东，等. 采用模糊区间分析的柔性航空结构件装配偏差预测 [J]. 浙江大学学报 (工学版)，2019，53 (09)：1647-1655.

[77] 魏建军，范真，徐旭松. 柔性件装配偏差的有限元分析 [J]. 机械设计与制造，2020，(01)：33-35，39.

[78] THORDARSON F O，MADSEN H，NIELSEN H A，et al. Conditional Weighted Combination of Wind Power Forecasts [J]. Wind Energy，2010，13 (8)：751-763.

[79] 刘银华，孙芮，吴欢. 基于车身尺寸数据流潜结构建模的装配质量预测控制 [J]. 中国机械工程，2019，30 (02)：237-243.

[80] 姚科田，邵之江，陈曦，等. 基于数据驱动技术和工艺机理模型的 PTA 生产过程软测量建模方法 [J]. 计算机与应用化学，2010，7 (10)：1329-1332.

[81] LIU Y H，ZHANG S M，CHU G P. Combination modeling of auto body assembly dimension propagation considering multi-source information for variation reduction [J]. Assembly Automation，2019，39 (4)：514-522.

[82] CONWAY R W，JOHNSON B M，MAXWELL W L. Some problems of digital systems simulation [J]. Management Science，1959，6 (1)：92-110.

[83] BIGGS A G，CAWTHORNE A R. Bloodhood missile evaluation [J]. Journal of the Royal Aeronautical Society，1962，66 (621)：571-587.

[84] MCKENNY J L. Critique of verification of computer simulation models [J]. Management Science，1967，14 (2)：102-103.

[85] VAN HORN R L. Validation of simulation results [J]. Management Science，1971，17 (5)：247-258.

[86] KHEIR N A，HOLMES W M. On validating simulation models of missile systems [J]. Simulation，1978，30 (4)：117-128.

[87] MONTGOMERY D C，CONARD R G. Comparison of simulation and flight-test data for missile systems [J]. Simulation，1980，34 (2)：63-72.

[88] FACHADA N，LOPES V V，MARTINS R C，et al. Model-independent comparison of simulation output [J]. Simulation Modelling Practice and Theory，2017，72：131-149.

[89] KWAG S，GUPTA A，DINH N. Probabilistic risk assessment based model validation method using bayesian network [J]. Reliability Engineering and System Safety，2018，169：380-393.

[90] MARTENS J，PUT F，KERRE E. A fuzzy set theoretic approach to validate simulation models [J]. ACM Transactions on Modeling & Computer Simulation，2006，16 (4)：375-398.

[91] REBBA R，MAHADEVAN S. Computational methods for model reliability assessment [J]. Reliability Engineering and System Safety，2008，93 (8)：1197-1207.

[92] 焦鹏. 导弹制导仿真系统 VV&A 理论和方法研究 [D]. 长沙：国防科学技术大学，2010.

[93] 金明霞，吴晓燕，朱昌葵. 建模与仿真生命周期综述 [J]. 计算机仿真，2003 (08)：46-48.

[94] 刘兴堂，王青歌. 仿真系统置信度评估中的辨识方法 [J]. 计算机仿真，2003 (03)：25-26，35-39.

[95] 李伟，杨明，王子才. 仿真精度问题探讨 [J]. 计算机仿真，2009，26 (01)：118-121，184.

[96] 许家俊，姚淑珍. 基于 Petri 网的服务可靠性评价方法研究 [J]. 计算机科学，2014，41 (07)：52-57.

[97] 张伟，王行仁. 仿真可信度模糊评判 [J]. 系统仿真学报，2001，13 (4)：473-475.

[98] 柳世考，刘兴堂，张文. 利用相似度对仿真系统可信度进行定量评估 [J]. 系统仿真学报，2002，14 (2)：143-145.

[99] 刘飞，马萍，杨明，等. 复杂仿真系统可信度量化研究 [J]. 哈尔滨工业大学学报，2007，39 (1)：1-3.

[100] 查亚兵. 仿真结果验证的频谱比较方法［J］. 系统仿真学报，1997，9（1）：22-26.

[101] 魏华梁，李钟武. 灰色关联分析及其在导弹系统仿真模型验证中的应用［J］. 系统工程与电子技术，1997（2）：55-61.

[102] ZHOU H. Automatic assembly cost control method of industry 4. 0 production line based on deep reinforcement learning［J］. International Journal of Manufacturing Technology and Management，2022（36）：5-6.

[103] 荆涛，田锡天. 基于蒙特卡罗-自适应差分进化算法的飞机容差分配多目标优化方法［J］. 航空学报，2022，43（03）：577-588.

[104] LIN Z C，CHANG D Y. Cost-tolerance analysis model based on a neural networks method［J］. International journal of production research，2002，40（6）：1429-1452.

[105] LEE W J，WOO T C. Tolerances：Their analysis and synthesis［J］. Journal of engineering for Industry，1990，112：113-121.

[106] 李晓晓，吴昊荣，孙付春，等. 基于小位移旋量公差建模和蒙特卡罗模拟的装配体公差优化设计方法［J］. 机床与液压，2022，50（23）：153-159.

[107] 钱鹏，王国亮，朱文峰. 柔性变形下车窗升降三维装配公差建模及优化［J］. 上海交通大学学报，2020，54（11）：1134-1141.

[108] 吕程，刘子建，艾彦迪，等. 多公差耦合装配结合面误差建模与公差优化设计［J］. 机械工程学报，2015，51（18）：108-118.

[109] 谭昌柏，匡衡. 基于动态规划的飞机多交点装配离散公差优化［J］. 北京航空航天大学学报，2015，41（05）：802-810.

[110] 张岩，莫蓉. 基于灰色粒子群算法的飞机装配公差多目标优化设计［J］. 计算机集成制造系统，2014，20（08）：1870-1878.

[111] 陈姣，李原，余剑峰. 一种面向薄壁件装配的公差优化分配方法［J］. 制造业自动化，2014，36（16）：97-99.

[112] 《航空制造工程手册》总编委会. 航空制造工程手册：飞机装配［M］. 北京：航空工业出版社，2010.